임밸런스

임밸런스

발행일	2025년 12월 15일
지은이	김춘성
펴낸이	손형국
펴낸곳	(주)북랩

출판등록	2004. 12. 1(제2012-000051호)
주소	서울특별시 금천구 가산디지털 1로 168, 우림라이온스밸리 B동 B111호, B113~115호
홈페이지	www.book.co.kr
전화번호	(02)2026-5777 팩스 (02)3159-9637
ISBN	979-11-7598-004-4 13530 (종이책) 979-11-7598-005-1 15530 (전자책)

잘못된 책은 구입한 곳에서 교환해드립니다.
이 책은 저작권법에 따라 보호받는 저작물이므로 무단 전재와 복제를 금합니다.
이 책은 (주)북랩이 보유한 리코 장비로 인쇄되었습니다.

작가 연락처 문의 ▶ ask.book.co.kr
전용 게시판에 문의를 남기시면 저자에게 직접 전달됩니다.

(주)북랩 성공출판의 파트너
북랩 홈페이지와 SNS에서 다양한 출판 솔루션을 만나 보세요!

홈페이지 book.co.kr   •   **블로그** blog.naver.com/essaybook   •   **출판문의** text@book.co.kr
카톡채널 북랩

한국 산업안전을 막는 보이지 않는 불균형

임밸런스

김춘성 지음

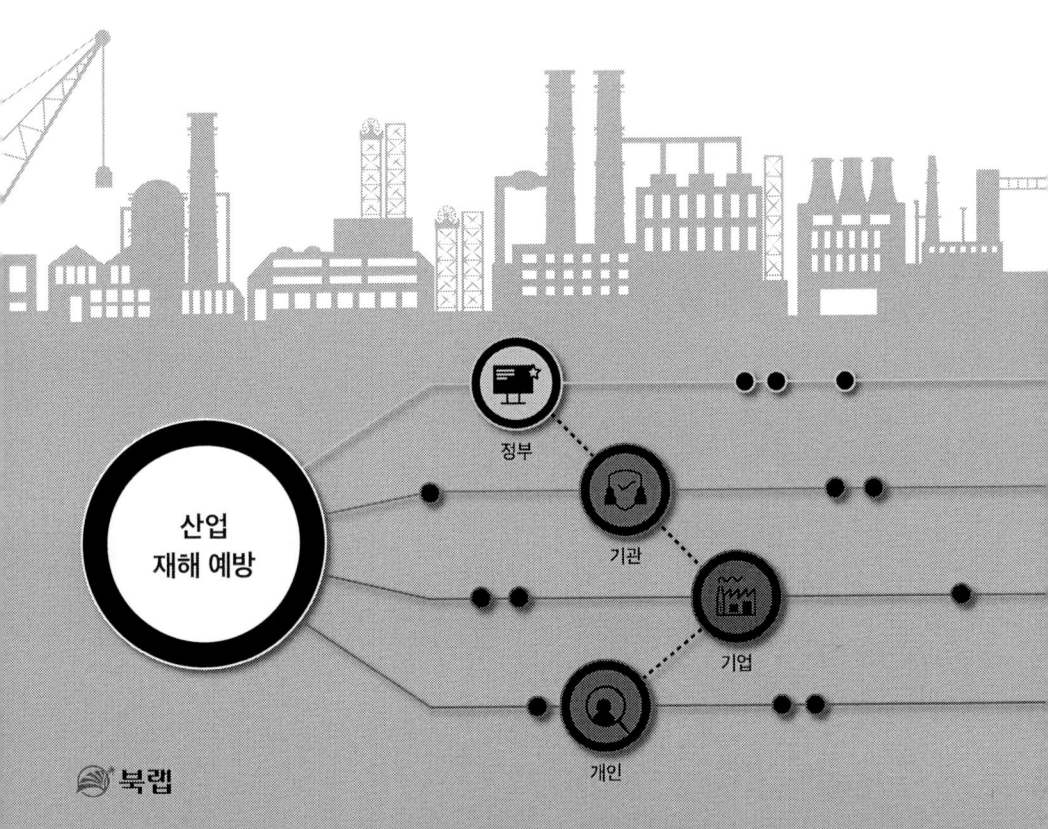

프롤로그

安全은 누구에게나 인간다움을 근거하는 삶의 기본 가치다. 최근 몇 년간 정부가 관리 중인 만인율의 하방 추세가 약화되었다. 접하는 사람의 관점에 따라 고착화 양상으로 보일 수 있다.

K-Culture, K-Food, K-방산. 여러 분야에서 대한민국의 세계적 위상이 높아졌다. 안전지표는 OECD 가입국 중 하위권을 벗어나지 못하고 있다. 먹고사는 문제가 최우선이었던 시절 안전관리에 대한 소홀함이 영향을 미치고 있다.

상처 난 본질은 현실을 보듬지 못한다. 오늘도 유사, 반복, 후회, 망각의 파편들이 산업현장의 시공간을 넘나들고 있다.

다수의 중소기업이 안전관리의 구조적 결함을 해결하지 못한 상태다. 생산과 품질은 무엇과도 바꿀 수 없는 눈앞의 현실이 된 지 오래되었다. 외국인 근로자 증가, 고령화가 가속화되고 있다. 그들은 매일같이 대비하지 못한 안전관리 능력을 시험받고 있다.

산업현장의 만인율은 낮아질 만큼 낮아졌다. 더 낮추기 위한 정부의 대책은 과거 규제 중심의 관리 방식을 강화하는 방법이 유일해 보인다.

현장의 목소리를 듣겠다는 간담회는 현장과의 괴리감을 좁히지 못한다. 안전한 일터 만들기를 통한 효과가 나타날지 필자는 잘 모르겠다.

생산과 품질을 안전과 연계시켜 대책의 다양성을 추구해야 한다. 기업이 가진 자원을 활용해 가장 잘할 수 있는 부분에 선택과 집중을 할 수 있도록 권장해야 한다.

경영활동에서 생산, 품질, 안전을 개별적으로 관리하던 시절은 아날로그와 디지털 시대로 끝났다. 통합의 대상으로 다루어져야 하는 AI 시대다. 상호 연계를 통한 시너지를 활용해야 한다. 개별 주체 간 균형을 위한 관점의 변화가 필요하다.

김춘성

차례

프롤로그   5

PART I. 정부

1. 50년   12
2. 임밸런스   23
3. 정부의 역할   29
4. 패러다임   36
5. 하인리히 프레임   41
6. 구조적 결함   44
7. 망자의 후회   48
8. 투 트랙   52
9. 예방과 통계   55
10. 자기규율 예방체계   60
11. K-Safety   65
12. 건설업   70
13. 근로감독   73
14. 파라핀 오일   76
15. 까마귀   81
16. 「로벤스 보고서」   87
17. 관리감독자   90
18. 지게차   93
19. 조율과 검토   97

PART II. 기관

1. 기관의 역할 — 104
2. 안전은 공짜 — 111
3. 정량화 — 114
4. 나비효과 — 117
5. 경진대회 — 120
6. 고소작업대 — 125
7. PSM — 131
8. MSDS — 139
9. 공표 — 145
10. 무주공산 — 149
11. 안전검사 — 153
12. 인공지능 — 156
13. 안전교육 — 168
14. 사다리 — 171
15. 안전관리 위탁 — 174
16. LOTO — 179

PART III. 기업

1. 기업의 역할 — 186
2. 생산, 품질, 안전 — 189
3. 닭과 달걀 — 196
4. 유지관리 — 199
5. 안전과 상생 — 204
6. 사각지대 — 206

7. 수평전개	210
8. 전원 참여	215
9. 안전비용	218
10. 중소기업	222
11. 밀폐공간	225
12. 자유도	231
13. JRA, JSA	235
14. 목표	241
15. 고령자	244
16. 벽	249
17. 욕조곡선	253
18. 유사, 반복	256
19. CHECK LIST	261
20. 불안전한 행동	265
21. 3정 5S	271
22. 편법	276
23. 이중화	280
24. 레이아웃	285
25. 개선제안	290
26. 휴먼에러	294
27. 압력용기 기밀 테스트	299
28. 작업허가서	306
29. OJT	311

PART IV. 개인

1. 개인의 역할　　　　　　　　316
2. 소통과 공감　　　　　　　　319
3. 디테일　　　　　　　　　　323
4. 주인 없는 공장　　　　　　　326
5. 암묵적 사고　　　　　　　　330
6. 지적확인　　　　　　　　　333
7. 출발　　　　　　　　　　　338
8. 아날로그와 디지털　　　　　341
9. 초개인화　　　　　　　　　345
10. 정전기　　　　　　　　　　350
11. 착오　　　　　　　　　　　355
12. 숫자　　　　　　　　　　　359
13. 자아성찰　　　　　　　　　364
14. 잠재위험　　　　　　　　　368
15. 배수관　　　　　　　　　　374
16. 페널티　　　　　　　　　　379
17. 현장의 목소리　　　　　　　383
18. 정(停)과 동(動)　　　　　　388
19. 대중의 망각　　　　　　　　391
20. 스마트폰　　　　　　　　　394

에필로그　　　　　　　　　　　398

PART I.
정부

유사한 사례가 반복되는 중대산업재해는 안전을 관리하는 각 개별 주체 간 연계성의 불균형(Imbalance)이 핵심 원인이다.

1
50년

　50년 전에는 영국, 일본도 현재 우리의 현실과 다르지 않았다. 안전의 중요성에 대한 정부 부처의 각성과 국민들의 공감이 현재의 0.03과 0.13의 만인율로 나타났다.

　「중대재해처벌법」이 2024년 1월 27일부터 5인 이상 50인 미만 사업장까지 확대 적용되었다. 중대산업재해를 줄이기 위해 정부 부처 및 기관들이 많은 노력을 하고 있다.

2030년 산업재해 사고 사망 만인율을 0.29‱(퍼밀리아드)까지 달성시키는 것이 목표다. 현재의 접근 방법으로는 달성이 녹록해 보이지 않는다. 필자만의 기우(杞憂)라면 좋겠다.

「로벤스 보고서」[1]가 세상에 많이 회자되었다. 50년 전 영국의 이야기다. 한국도 「로벤스 보고서」의 자율규제 철학을 일부 반영하고 있다. '중대재해 감축 로드맵'에서도 위험성평가 중심의 자기규율 예방체계를 강조하고 있다.

1972년 영국의 산업안전 환경과 2020년대 대한민국의 산업현장은 시대와 국경을 넘어 많은 공통점을 보여 준다. 특히 「로벤스 보고서」가 제기한 문제의식과 오늘날 한국 산업현장의 현실은 여러 면에서 닮아 있다.

산업재해의 구조적 반복

- 영국(1970년대): 산업화 이후 노동자 사망·부상 사고가 빈번했으며, 규제는 복잡하고 효과는 미미했다.
- 한국(2020년대): 「중대재해처벌법」 시행 이후에도 ○○○배터리 화재, ○○산업 채석장 붕괴사고 등 반복적인 참사가 지속적으로 발생하고 있다.
- 공통점: 제도는 존재하지만 현장에서는 작동하지 않는 구조적 문제.

---

1 「로벤스 보고서(Robens Report)」는 1972년 영국에서 발표된 산업안전보건에 관한 역사적이고 획기적인 보고서로, 오늘날까지도 산업안전 정책의 방향성과 철학에 큰 영향을 미치고 있다.

규제 중심에서 자율 중심으로의 전환 요구

- 「로벤스 보고서」는 세세한 법령보다 자율적 책임과 문화가 중요하다고 강조.
- 한국도 「중대재해처벌법」 이후, 자기규율 예방체계로의 전환을 정부가 추진 중에 있다.
- 공통점: 법적 처벌보다 예방 중심의 시스템 구축 필요성 인식.

경영책임자에 대한 책임 강화

- 영국은 보고서를 통해 경영진의 안전 책임을 명확히 해야 한다고 주장.
- 한국은 「중대재해처벌법」을 통해 대표이사나 실질적 경영 책임자에게 형사책임을 묻고 있다.
- 공통점: 안전은 현장 관리자만의 문제가 아니라 최고 경영진의 문제라는 인식 확산.

산업안전 행정의 파편화와 통합 필요성

- 영국은 당시 7개 감독기관이 중복 규제를 하던 문제를 지적하며 HSE(산업안전보건청) 통합을 제안.
- 한국도 고용노동부, 산업부, 환경부 등 다부처 간 역할 중복과 책임

회피 문제가 존재.
- 공통점: 산업안전 행정의 일원화 필요성 대두.

취약 노동자에 대한 보호 부족

- 영국은 보고서에서 청소년, 여성, 임시직 노동자의 안전 사각지대를 지적.
- 한국은 외국인 노동자, 하청·파견 노동자가 중대재해의 주요 피해자가 되고 있다.
- 공통점: 취약계층의 안전은 여전히 제도 밖에 있음.

50년의 시간차에도 불구하고, 산업안전의 본질적 과제는 크게 다르지 않다. 다만, 영국은 「로벤스 보고서」를 계기로 예방 중심의 안전문화로 전환했고, 한국은 지금 그 전환의 갈림길에 서 있다고 볼 수 있다.

이웃나라 일본의 1960년대부터 현재까지 산업현장의 사고 사망자 수의 추이와 기간대별 주요 특징을 살펴보자.

연도	사망자 수	기간대별 주요 특징
1961년	6712명	경제성장기, 안전보건대책 강화
1980년~	감소 추세	과로사라는 개념이 사회적 문제로 대두
1995년	2414명	'잃어버린 10년'으로 불리는 장기 불황, 안전 관리 시스템 정착, 자동화 영향 예상
1998년	1884명	
2010년	1195명	강력한 안전보건 정책과 법규 시행, 기업자율의 안전 관리 강화 → 현장중심 위험성평가 제도와 기술의 발전
2023년	755명	고령 근로자 증가, 사고 사망자 700명대

* 일본은 1996년부터 공식적인 사고 사망자 통계작성. 과거 수치는 자료마다 일부 차이가 있을 수 있다는 점을 밝혀 둔다.

일본은 1970년대 이후 「산업안전보건법」과 자율규제 중심의 정책을 통해 사망자 수를 꾸준히 감소시켜 왔다. 2022년 기준 사고 사망자 수는 791명으로, 1996년 이후 처음으로 700명대에 진입했고, 고령 근로자 비중이 높음에도 불구하고 만인율(2022년: 0.13‰)은 안정적이다.

1995년 일본 산업현장의 사고 사망자 수가 2400명에서 2023년 755명까지 내려왔다. 28년이 걸렸다.

한국은 2024년 기준 사망자 수 2098명 중 사고 사망자 827명, 질병사망자 1271명으로 일본의 3배 수준이다.

「중대재해처벌법」 시행 이후에도 만인율은 정체 상태이며, 50인 미만 소규모 사업장과 고령 근로자에서 재해가 집중되고 있다.

영국, 일본, 독일의 경우 출발점은 대부분 1970년에 발표된 「로벤스 보고서」를 기점으로 보면 된다. 현재의 산업안전의 재해율을 달성하기까지 평균 50년이 걸렸다.
우리가 따라잡으려는 현재의 결과를 만들기 위해 그들은 50년 전부터 산업안전 확보를 위한 다양한 안전보건제도를 지속적으로 시행관리 했다.

50년이라는 시간의 의미를 단순히 안전보건제도의 실효적 효과로 판단해서는 안 된다. 50이라는 숫자 안에는 국민의 안전문화의 성숙도가 내포되어 있다.
신규 제도나 정책이 시행되어 효과를 내고, 지속성을 유지해 정착되기까지는 상당한 시간이 필요하다. 상반된 논리의 작용 때문이다.

「중대재해처벌법」 시행 이후 나타나는 현상들이 있다. 대형 로펌에 전담 팀이 만들어지고 매출이 증가했다고 한다. 이러한 현상이 중대산업재해 예방으로 나타나지는 않는다.

투 트랙 전략의 접근이 필요하다. 안전업무를 다루는 정부 관련 부처들의 유기적인 관계가 필수적이다. 안전에 대한 조기교육과 산업현장의 안전 예방활동이 통합의 관점으로 추진되어야 한다.
초등학교부터 정기 교육과정을 거치는 과정에서 일상의 안전부터 국가적 재난 사례 등에 대한 지속적인 안전교육을 통해 안전에 대한 의식이 강화되고, 이들이 성인이 되어 기업에 입사하면 당연히 산업현장의 안전사고 감소로 나타날 수 있다. 시간이 오래 걸린다.

이러한 과정에 대한 시간을 앞당기기 위해서는 대기업들의 신입사원의 입사 면접 과정에서 채용 담당자들이 회사와 관련된 안전에 대한 질문이 나와야 한다. 사회 전체적으로 안전에 대한 관심도를 높이기 위한 방법 중에 하나다.

산업현장의 안전사고 예방 방법은 단순하다. 안전에 조금만 관심이 있으면 한마디씩 다 할 수 있다. 공감한다. 문제는 현재의 상태다.

정부 각 부처에서 만들어지는 제도나 시스템이 사전에 조율되지 않은 상태로 기업에 던져졌다.
법을 준수해야 하는 기업의 입장에서 복잡해지고, 양적으로 팽창된 현재의 상황들은 관리 부담으로 나타난다. 이와 같은 고질적인 문제들이 해결되기 위해서는 시간이 필요하다.

대한민국 50년의 출발점을 2000년으로 특정해 보았다. 1996년 OECD 가입은 사회 모든 분야에 많은 변화를 가져온 시작점이었다. 노동환경과 연계되어 산업현장의 안전문제가 조금씩 표면화되기 시작했다.

현재 정부의 산업안전사고 예방의 필요성을 가장 잘 보여 주는 대표적인 제도가 '위험성평가'다. 2004년 도입방안에 대한 연구가 시작되었다.

그 전까지 정부가 산업안전제도에 대한 문제에 적극적으로 대처하지는 않았다. 먹고사는 문제가 안전에 우위를 점할 수밖에 없었던 시기의 영향력이 산업현장 전반에 남아 있던 시절이었다.

50년의 함축적 의미는 '안전문화'다. 국민의 안전문화 의식 변화에 대한 추세 확인을 위해 키워드인 '안전'과 '산업안전' 두 단어에 대한 뉴스의 노출 빈도수를 1990년부터 2024년까지 확인해 보았다.

뉴스에서 반복적으로 노출되는 단어는 사람들의 인식 틀을 강화하거나 변화시킬 수 있다. 예를 들어, '안보', '성장', '위기' 같은 단어가 자주 등장하면 사회 전체가 해당 개념에 민감해지고, 정책이나 여론 형성에도 영향을 준다.[2]

실제 대구 지하철, 세월호, 화성 아리셀 화재 사고 등 대형 안전사고 이후 '안전' 이슈가 뉴스에 반복적으로 등장하며, 사회적 관심과 안전문화 확산에 영향을 미치고 있다.

1990년 재해율 1.76%에서 2000년까지 0.7%대로 내려온 상태에서 2023년 0.66%으로 박스권을 벗어나지 못하고 있는 상황이 계속되고 있다.

---

[2] 사피어-워프 가설(Sapir-Whorf Hypothesis).

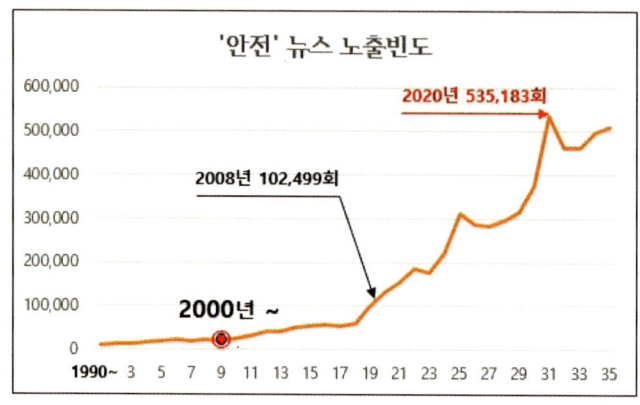

*출처: https://www.bigkinds.or.kr

역으로 '안전' 키워드의 노출 빈도수는 2007년 5만대에서 2008년 10만 돌파 후 2023년 50만 건으로 증가했다. '산업안전' 키워드의 경우 2008년 1000건을 넘어선 후 2024년 1만 건을 넘어섰다.

안전 관련 뉴스의 빈도수 증가가 중대재해 예방과 어떤 상관관계가 있을까. 이러한 의문은 간단하게 설명 가능하다. 중대산업재해가 반복적으로 발생한 ○○기업에서 생산한 빵이 소비자들의 불매 운동으로 이어졌다.

'노동자의 피 묻은 빵, 먹지 않겠습니다.'

결국 해당 기업은 빵 생산을 포기했다. 소비자들의 안전에 대한 의식 수준이 기업의 생산활동에 직접적인 영향을 미치는 세상이다. 모든 것이 가감 없이 신속하게 확산된다.

안전관리에 적절한 대응을 하지 못하는 기업은 결국 소비자들의 외면을 받을 수밖에 없는 방향으로 가고 있다. 이와 같은 시대의 흐름에서 살아남는 기업은 추가되는 안전관리 비용을 제품에 반영한다.

2008년을 기점으로 안전에 대한 국민적 공감대가 확산된 것에 비해 실제적인 현장의 안전사고는 감소하지 않고 있다. 현재의 상황이라면 2026년에서 2030년으로 변경된 만인율 기준 OECD 평균 수준인 0.29‰ 달성은 쉽지 않을 전망이다.

고령화의 증가, 외국인 근로자 확대 등 산업현장의 미래 상황도 현재의 목표치 달성을 저해할 수 있는 직접적인 요인으로 작용할 수 있는 확률이 높다.

중대산업재해 예방을 위해 중장기적 로드맵에 대한 전략적인 판을 다시 만들어야 한다. 필자가 생각하는 현재의 실행안은 과거의 답습으로 보인다.

세상이 변했다. 한쪽의 생각만으로는 변화된 세상을 상대하기가 어렵다. 관련 부처 간 소통과 치밀한 협업이 필요하다. 이를 통해 세상에 맞는 안전관리의 단순화가 기업의 실행력으로 연계되어야 한다.

소년공 시절 산업재해를 직접 경험한 이재명 대통령이 취임했다. 기존 노동정책과 비교되는 강력한 의지를 읽을 수 있다. 중대산업재해가 발생한 사업장에 대한 강력한 제재를 예고하고 있다.

2024년 6월 24일 23명의 사망자가 발생한 ○○○공장의 중대산업재해처벌법 위반관련 1심 선고가 1년 3개월 만에 나왔다. 대표와 총괄본부장에 대해 징역 15년이 선고됐다. 「중대재해처벌법」 시행 이후 법원이 선고한 최고 형량이다.

중대산업재해 처벌법은 형량의 하한(최소 형량)이 1년으로 설정되어 있다. 매우 중요한 의미를 지닌다. 이는 기존의 많은 형사법과는 다른 특징으로, 법적·사회적 함의를 갖고 있다. 이번 1심 선고 결과는 산업계 전반에 매우 강력한 경고로 작용할 것으로 보인다.

안전 선진국과 절대 비교 시 25년 남았다. 과거의 25년과 앞으로의 25년은 차이가 다르다. 정부, 기관, 기업, 개인의 지혜를 모아 앞당길 수 있는 방안을 강구해야 한다.

2
임밸런스

2024년 고용노동부 발표 중대산업재해 발생 현황을 보면 누적 재해조사 대상 사망사고는 총 553건, 사망자는 589명으로 나왔다. 전년도 대비 각각 5.3%와 1.5% 감소한 수치다. 다른 발표 자료를 보면 2023년 사망자 수가 2016명 만인율이 0.98로 나왔다.

부처에 따라 발표하는 통계데이터의 적용기준이 다르다. 고용노동부의 '중대재해통계'는 「산업안전보건법」 및 「중대재해처벌법」에 따라 사업주의 법 위반 여부가 명백한 경우를 제외하고 집계한다. 법 위반이 없다고 판단된 사고는 제외되고, 발생일 기준으로 집계한다.

근로복지공단의 '유족급여 승인 기준 통계'는 사망자에게 유족급여가 실제로 지급된 건수를 승인일 기준으로 집계한다. 예를 들어, 2022년에 사고가 발생했지만 2023년에 유족급여가 승인되면 2023년 통계에 포함된다.

어떤 통계는 모든 산업재해 사망자를 포함하고, 어떤 통계는 중대산업재해(법 위반 포함)만을 대상으로 한다. 한쪽은 2024년 기준 589명이고, 다른 쪽은 2098명이다.

데이터는 그 자체로 객관적인 사실이며, 다른 데이터와의 관계 속에서 가치를 지니고, 분석을 통해 추론과 예측의 근거가 된다. 데이터를 '받아들이는' 사람은 데이터가 가공되고 정리된 결과물을 이용해 정보를 얻고 결정을 내린다. 관심이 있는 사람들의 영역이다.

사망자 589명과 2016명은 엄청난 차이다. 국민들에게 산업재해의 중요성에 대한 관심의 정도를 분산시켜 본질을 왜곡시키는 결과로 이어진다.

중대산업재해 공표는 일반 국민이 정확히 알 수 있도록 발표 창구를 단일화시켜 한곳에 담아내야 한다. 중대산업재해를 예방하기 위해 가장 강력한 역할을 수행할 수 있는 주체는 소비자임을 기억하자.

현재 우리나라 산업재해 사망자 수는 20년 전과 동일한 2000명대를 유지하고 있다. 정확하게는 2003년 2701명, 2023년 2016명, 2024년 2098명이다. 증가하는 추세다.

사고 사망자를 기준으로 할 경우 827명이 출근 후 집으로 돌아가지 못했다. 전반적인 경기 침체 상태인데 사망사고는 줄어들 기미가 보이지 않는다.

각국의 통계 산정 기준이 다르기 때문에 절대적인 비교의 대상은 아니지만 우리나라의 산재사망사고 발생률 순위는 ILO(국제노동기구) 기준 치명률에 따르면, 한국은 OECD 37개국 중 약 4~5위권에 위치한다.

2019년 기준 한국의 치명률은 10만 명당 4.6명으로 집계되었고, 이는 미국(5.3명), 멕시코(8.2명), 터키(7.5명) 등에 이어 높은 수준이다.

임밸런스라는 주제로 글을 쓰며 서두에 산업재해 사망자 수에 대한 정부의 통계데이터와 OECD 가입국 중 현재 한국의 위치를 정리해 보았다.

중대산업재해에 대한 부처별 발표 숫자가 다르다. 이 책을 접하시는 독자분들이 체감하는 크기가 다를 수 있다는 점을 고려해 산업현장 사망자 수의 통계데이터 설명에 일정 부분을 할애했다.

2023년 4월, 35년의 직장생활을 마무리하고 같은 해 7월 안전관리전문기관을 개업했다. 그 후 2년의 시간동안 머릿속을 떠나지 않았던 의문이 '왜 유사한 형태의 중대산업재해가 계속 발생하고 있는가!'였다.

원인이 무엇인가, 대안은 없는가에 대한 끊임없는 나 자신과의 논쟁이었다. 과거의 경험과 현재의 경험이 충돌했다.

새로운 업종을 접하고 다양한 계층의 사람을 만났다. 컨설팅 업무를 시행하는 과정에서 결론 내지 못한 논쟁의 결과물은 셀 수 없는 수정과 보완의 과정을 거쳤다. 결국 '임밸런스'라는 하나의 단어로 귀결되었다.

산업현장은 정부, 기관, 기업 환경, 문화, 경영책임자, 근로자, 소비자 등 다양성이 직간접적으로 얽혀 있는 상태에서 상호 공존하는 공동체다.
유사한 사례가 반복되는 **중대산업재해는 안전을 관리하는 각 개별 주체 간 연계성의 불균형(Imbalance)이 핵심 원인**이다.

산업현장의 안전은 단순히 법 규정이나 안전장비만으로 확보되는 게 아니다. 각각의 개별적 주체가 서로 유기적으로 협력해 밸런스가 유지될 때 최상의 안전관리의 성과를 낼 수 있다. 각각의 개별적 역할을 정리해 보았다.

① 정부의 역할은 정책과 기준을 만들고 감시자와 지원자 역할을 동시에 수행하는 것이다

- 「산업안전보건법」 제정 및 개정을 통해 안전 기준을 법적으로 명문화하고 시대에 맞게 지속적 개선 실시
- 감독 및 점검활동을 통해 위반 시 행정·형사 조치
- 중소기업 대상 안전설비 보조금, 교육비 지원
- 안전문화 확산을 위한 캠페인, 교육 프로그램 운영
- 스마트 안전관리 시스템, AI·IoT 기반 기술 도입 및 개발, 국제협력

② 안전보건관련 공공기관의 역할은 산재 예방과 안전문화 확산을 위한 핵심 조직으로서의 역할을 수행하며, 안전관리전문기관 등의 준공공 조직은 전문 기술과 경험을 바탕으로 기업의 안전관리 활동을 지원하는 역할을 수행한다

- 중소기업 맞춤형 안전보건관리체계 구축 지원활동
- 사업장의 유해·위험 요인 파악 및 개선방안 제시를 위한 위험성평가 활동지원
- 산업별·직종별 안전보건 교육 프로그램 운영
- 스마트 안전장비, IoT 기반 위험 감지 시스템 개발 등 기술개발 및 보급활동
- 사고 유형별 통계 제공으로 예방 전략 수립 지원활동
- 원·하청 구조에서의 안전관리 체계 구축 지원활동

준공공 조직은 기업의 실행력을 높이고, 법적 리스크를 줄이는 전문 조력자로서 아래와 같은 역할을 수행한다.

- 법적 의무인 위험성평가를 전문적으로 수행
- 안전보건관리체계 구축 컨설팅을 통해 「중대재해처벌법」 대응을 위한 조직·예산·교육 체계 설계를 조언
- 공사현장, 제조업체 등에서 안전 사각지대 진단을 통한 예방활동을 실행
- 사고 발생 시 대응 시나리오 및 훈련 계획 수립 지도, 조언
- 수급인(하청업체)의 안전역량 평가 및 개선 지원
- 실무 중심의 교육 콘텐츠 제공

③ 기업은 법적의무를 넘어 안전문화를 구축하고, 현장의 실행자로서의 역할을 수행

- 안전보건관리체계 구축 및 위험 요인 파악, 예방조치, 보호장비 제공
- 근로자에 대한 정기적인 안전교육, 비상대응 훈련
- 책임 있는 하도급 운영, 위험 작업의 외주화 시에도 안전 책임 유지
- 단기 이익보다 안전을 우선하는 문화 정착

④ 개인(근로자)의 역할은 단순한 수혜자가 아니라 현장의 안전을 지키는 주체이자 참여자로서의 역할 수행

- 보호구 착용, 작업 절차 이행등 안전규정과 절차 준수

- 유해요인 발견 시 적극적 제보 및 개선활동 참여
- 안전교육에 능동적으로 참여하고, 동료와 협력

산업현장의 중대재해는 단순히 위에서 언급한 각각의 주체가 자신들에게 주어진 업무를 성실히 수행한다고 예방의 효과가 나타나는 것은 아니다. 상호 간 업무의 보완관계가 유지되어야 한다.

이를 위해 정부나 공공기관은 산업현장을 정확히 알아야 한다. 기업이나 개인이 안전보건의 중요성에 대한 인식이 낮으면 상호 관계에 불균형을 초래한다. 사업장 내 안전사고 발생 확률이 높아질 수 있다.

현재 중대산업재해가 줄어들지 않는 이유는 안전관리 주체들의 상호 임밸런스가 가장 큰 원인으로 작용하고 있다. 2030년 만인율 0.29‱ 목표 달성을 위해 개별 주체 간 신속한 밸런스를 확립하기 위한 상호 간 노력이 중요하다.

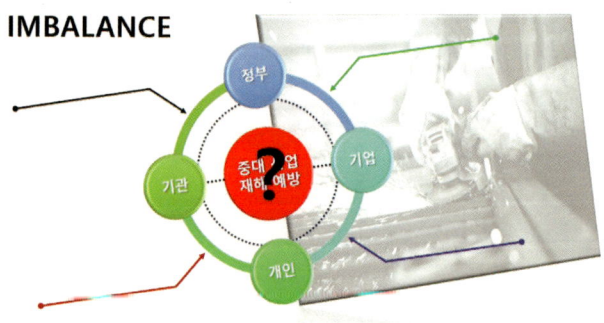

3
정부의 역할

법이 목적을 성공적으로 달성하기 위해서는 여러 가지 복합적인 조건을 갖추어야 한다. 법철학자 구스타프 라드브루흐(Gustav Radbruch)가 제시한 법의 3가지 이념인 정의, 합목적성, 법적 안정성은 법이 추구해야 할 핵심 가치로 꼽힌다.

「산업안전보건법」은 산업안전 및 보건에 관한 기준을 확립하고, 그에 대한 책임의 소재를 명확히 해 궁극적으로 산업재해를 예방하고 쾌적한 작업환경을 조성함으로써 일하는 모든 사람의 안전과 보건을 유지하고 증진함을 목적으로 하는 법률이다.

합목적성이란, 법이 추구하는 궁극적인 목표를 달성하는 데 얼마나 적합하고 효율적인지를 의미한다. 구체적으로는 산업재해를 예방하고, 근로자의 안전과 보건을 유지·증진한다는 법의 목적을 얼마나 잘 구현하고 있는지를 평가하는 것이다.

법적 안정성 평가는 해당 법률이 사회 구성원에게 얼마나 명확하고 예측 가능하며 일관성 있게 적용되는지를 판단하는 것을 의미한다. 이는 법의 목적(산업재해 예방 및 근로자 안전 확보)을 달성하는 데 있어, 법 집행의 혼란을 줄이고 규제 대상자의 신뢰를 얻는 데 매우 중요한 요소다.

「산업안전보건법」이 추구해야 할 핵심 가치는 '산업현장의 안전과 보건의 유지 및 증진을 위해 명확하고, 예측가능하며, 일관성이 있어야' 한다는 것이다. 그리고 이를 바탕으로 '법의 목적을 구현(具現)할 수 있어야' 한다.

복잡성(Complexity)은 명확성, 예측성, 일관성이라는 세 가지 요소에 모두 부정적인 영향을 미치는 경우가 많다. 시스템, 법규, 조직 구조 등이 복잡해질수록 현장의 수용성은 떨어진다. 법의 목적 구현이 어려워진다.

「산업안전보건법」이 복잡해진 원인은 사고를 예방하기 위한 단순한 대책들의 무분별한 수용이다. 산업 현장의 다양한 위험사례를 모두 담으려다 보니 법령체계가 방대해졌다. 법을 준수해야 하는 기업의 자율성에 제약을 가져온다. 법의 합목적성을 훼손시키는 결과를 초래한다.

법률, 시행령, 시행규칙뿐만 아니라 수많은 고시, 지침, 훈령 등이 존재한다. 하위법규는 법률의 추상적인 내용을 구체화 하지만, 전체 법령체계를 복잡하게 만드는 원인이 된다.

사회적으로 안전에 대한 요구가 높아지고 중대재해가 발생할 때마다 법의 처벌이나 규제 수위를 강화하는 방향으로 개정이 이루어져 왔다. 이러한 잦은 개정과 추가 입법은 법령의 일관성을 훼손하고 구조를 복잡하게 만들었다.

2030년 산업재해 사고 사망만인율 목표치는 0.29‰(10,000명당 0.29명)다. 경제협력개발기구(OECD) 평균 수준으로, 2025년 8월 이재명 정부 국정과제에 포함되어 발표되었다.

현재의 양적 규제 방식으로는 목표 달성이 어렵다. 핀셋 관리[3]가 필요하다. 전체를 대상으로 하지 않고, 가장 취약하거나 위험한 부분, 가장 큰 효과를 기대할 수 있는 특정 대상을 집중적으로 관리할 필요가 있다.

핀셋 관리가 효과를 보기 위해서는 과거 실패 사례에 대한 원인을 참고해야 한다. 예를 들어 보았다.

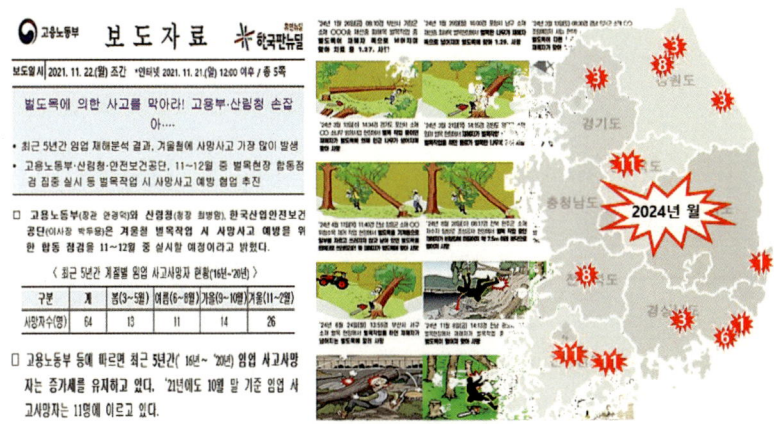

---

[3] 핀셋 관리의 특징으로는 크게 세 가지가 있다. 첫째, 정확성. 불필요한 곳에 자원이나 노력을 낭비하지 않고, 필요한 곳에만 정확히 투입한다. 둘째, 효율성. 문제 해결의 핵심에 집중해 빠르고 효율적인 결과를 얻을 수 있다. 셋째, 특정성. 전체가 아닌 특정 지역, 특정 계층, 특정 기업 등 대상을 명확히 한정해 접근한다.

중대재해알림톡이 울릴 때 궁금했다. 관심 분야가 아니라 몰랐다. 벌목작업 중에 왜 중대재해가 자주 발생하는지.

2024년 월별로 카운트를 해 보았다. 12건이었다. 관련 자료를 찾아보다가 2021년 11월 22일 「벌도목에 의한 사고를 막아라! 고용부·산림청 손잡아…」[4]라는 보도자료가 눈에 띄었다.

2016년~2020년 5년간 벌목작업[5] 중 64건의 중대재해가 발생했다. 연간 12.8건이었다. 필자가 알림톡을 통해 확인한 2024년 벌목작업 중 12건이 발생했다.

당시 보도자료 통계 중 계절별 발생 사례 중 겨울(11~2월)이 26건으로 전체 40.6%로 가장 많았다. 2024년의 경우 11월, 1월에 5건으로 41.6%였다.

관리대책은 고용노동부, 산림청, 한국산업안전보건공단이 11월~12월 중 합동점검 실시였다.

어느 지역에, 얼마나, 어떤 방식으로 합동점검을 실시했는지 자료가 없어 확인하지 못했다. 데이터로 확인한 결과는 핀셋 관리의 효과가 전혀 없었다. 참고할 만한 가치가 있는 실패 사례다.

2025년 근로감독 및 산업안전 분야 국가공무원 7급 500명의 공개채용

---

[4] 고용노동부, 「벌도목에 의한 사고를 막아라! 고용부·산림청 손잡아…」, 대한민국 정책브리핑, 2021. 11. 22., https://www.korea.kr/briefing/pressReleaseView.do?newsId=156481834&call_from=seoul_paper

[5] 2023년 미국 노동통계국(BLS) 자료에 따르면, 벌목 작업자의 사망률은 10만 명당 98.9명으로, 미국 직업군 전체 평균 사망률인 3.5명에 비해 압도적으로 높다. 이는 벌목 작업이 미국에서 가장 치명적인 직업임을 보여 준다.

공고가 나왔다. 중대산업재해 예방을 위한 부족한 인력을 충원하기 위함일 것이다.

증원 인력의 기업 방문이 법규 위반을 찾아내기보다는 현장의 소리를 듣고 해결해 주려는 것이 방문 목적이 되어야 한다. 기존의 법을 들이대고 잘못된 사항을 찾아내 현장 지도점검 실적으로 만들어 보고하는 형태는 과거의 답습이다. 효과는 제한적, 일시적일 수밖에 없다.

이 부분은 타 중소기업에 하고 있는데 여기도 적용하면 많은 도움이 될 것 같다. 이 사례는 방치하면 중대재해로 이어질 수 있으니 언제까지 보완이 되면 좋겠다, 덧붙여 솔루션도 제공해 주면 지도방문의 효과가 높을 것으로 판단된다.

기존 방식의 틀 안에서 기존 방식대로 시행하는 산업재해 예방 활동을 위한 기업 방문은 그들에게 법만 준수하면 된다는 인식으로 각인된다.

산업현장에는 법으로 규정되지 않은 많은 잠재위험 요인들이 숨어 있다. 기업이 안전 확보를 위해 자발적으로 움직일 수 있는 분위기를 조성할 수 있는 방문이 될 수 있도록 해야 한다.

신규채용 인력의 경우 현장 경험과 전문적인 지식을 갖추었을 것으로 본다. 그들의 기업 지도방문의 실효적 효과를 높이기 위해 일정기간 산업재해가 발생하지 않은 사업장을 방문해 안전사고가 발생하지 않는 원인을 찾아 보고서를 작성해 공유해 볼 것을 추천한다.

현장의 작업 준비 및 진행 상황을 모니터링하고 문제가 있는 부분에 대한 지적은 기업의 실효적 안전관리 관점에서 도움이 될 수 있다.

안전사고가 발생하지 않는 사업장 방문을 통해 찾아낸 답을 방문사업장 상황에 맞추어 활용할 수 있도록 지도해야 한다.

안전 관련 문서를 잘 갖추고 있는 것과 중대산업재해의 발생 여부와의 관련성은 크지 않다. 문서 가지고 따지지 않으면 좋겠다. 중요한 것은 경영책임자의 안전의식이다.

추가로, 기업이 선택과 집중을 할 수 있는 환경을 만들어 주어야 한다. 안전관리의 실효적 효과와 직결되지 않는 불필요한 업무와 자원낭비를 줄일 수 있도록 해야 한다.

한정된 자원을 최적화해 필요한 곳에 투입할 수 있도록 해 주어야 한다. 책임은 후에 강하게 물어도 된다.

관할 지역의 사업장 산업안전보건 활동에 대한 관리·감독자로서 조례 제정 등 정책을 추진할 수 있는 지방자치 단체와 관련 부처 및 산하기관의 중지를 모아야 한다.

중복되는 규제, 엇비슷한 규제, 지역의 특수성이 고려되지 않는 규제, 중대산업재해 예방에 실효성이 없는 형식적인 규제들을 과감히 쳐내야 한다. 책임자와 담당자들의 오픈마인드가 필요하다.

2030년 중대산업재해 예방에 대한 유의미한 결과를 얻기 위한 정부의 역할은 핀셋 관리를 통한 기업의 선택과 집중을 유도해 자율적 안전관리가 될 수 있도록 멍석을 깔아 주는 것이다.

4
패러다임

"변화 외에는 영원한 것이 없다." 고대 그리스 철학자 헤라클레이토스는 "만물은 유전(流轉)한다"라고 주장하며 모든 것이 끊임없이 변화한다고 설명했다.

그는 "같은 강물에 두 번 발을 담글 수 없다"는 유명한 비유를 통해, 강물이 항상 흘러가듯 세상 모든 것이 늘 변한다는 점을 강조했다.

현업에 있을 때 법정 안전교육을 매년 받았다. 회사에서 교육을 하다 공장에 급한 일이 생길 경우, 업무를 처리하는 사례들이 늘어났다. 간혹 출석만 체크하고 빠지는 직원도 있었다.

직원들의 요구가 반영되어 외부의 장소에서 안전교육을 받았다. 교육장소를 외부기관에 의뢰해 회사 밖에서 받았다. 매년 16시간의 관리감독자 정기교육이었다. 유사한 과목, 유사한 내용의 교육의 반복이었다.

누군가 매년 유사한 콘텐츠에 대한 이유를 물었다. 강사의 대답은 심플했다. "안전교육은 반복입니다."

인간은 시간이 지남에 따라 안전 수칙이나 과거 사고의 위험성을 쉽게 잊어버린다. 동전의 양면이다. 당시 필자는 강사의 말이 새로운 안전교육에 대한 콘텐츠가 없다는 소리로 들렸다.

'패러다임(Paradigm)'은 한 시대의 사회 전체가 공유하는 '인식의 틀'이나 '사고의 체계'를 의미한다. 이 용어는 미국의 과학철학자 토머스 쿤이 1962년 그의 저서 『과학혁명의 구조』에서 처음 제시하면서 널리 알려졌다.

패러다임은 우리가 세상을 보고, 문제를 인식하고, 해결책을 찾는 근본적인 틀을 제공한다. 이는 단순한 이론을 넘어, 문제를 정의하고 해결하는 방식을 총체적으로 결정한다. 'Bottom'이 아닌 'Top'의 영역이다.

패러다임은 변화에 근거한다. 고정된 것이 아니라, 새로운 사실, 관점, 또는 과학적 발견에 의해 기존의 틀이 더 이상 유효하지 않게 될 때 변화한다.

중대산업재해가 최근 몇 년간 감소되지 않고 있다. 안전사고 예방을 위한 대책이 변화의 흐름을 수용하지 못하고 있다. 결과에 반응하는 동일한 방식의 프레임에 매몰되어 있기 때문이다.

2023년 8월, 강원도 함양-울산선 건설 현장에서 덤프트럭이 후진하다가 차량 유도 중이던 신호수를 치어 사망. 2024년 8월, 인천의 한 아파트 신축 현장에서 신호수가 굴착기에 치여 숨지는 사고 발생. 2024년 11월, 부산 강서구 가로수 식재 현장에서 신호수가 일반 승용차에 치여 사망. 사고를 예방하기 위해 배치한 유도자가 또 다른 희생자가 되고 있다.

규제를 피하기 위한 기업의 단순한 대응 논리가 또 다른 잠재적인 안전사고로 이어질 수 있는 개연성을 높이고 있다. 언제부턴가 산업현장의 장비 유도자나 화기, 밀폐 공간 감시자 역할을 담당하는 분들 중에 연세 드신 분들이나 여성 분들이 많이 보이기 시작했다. 현장을 오랫동안 경험한 필자의 관점에서 볼 때, 위급 상황 발생 시 신속한 대처가 쉬워 보이지는 않는다.

안전사고 예방을 위해 시행하는 모든 규제는 현장의 상황을 정확히 파악하고 심도 있는 검토 과정을 거쳐야 한다. 이를 통해 현장에서 새로운 규제에 대한 수용성을 최대한 높여야 한다. 현장의 수용성이 높은 규제는 실효적인 효과로 나타날 수 있는 확률이 높아진다.

기업의 안전관리가 서류에 집중되고, 현장이 형식적인 대응으로 흘러가면 어떻게 될 것이라는 것은 모두가 알고 있다. 안전사고는 현장에서 일어난다. 현장을 안다는 것은 안전관리에서 상당히 중요한 부분이다.

규제 중심의 접근은 사고가 발생한 후에야 처벌을 통해 책임을 묻는 '사후 처벌'에 초점을 맞춘다. 이는 사고를 미연에 방지하는 '사전 예방'보다 재발방지 대책 마련에 치중하게 만들어, 사고의 근본 원인을 해결하기 어렵게 만든다.

누구나 공감하는 내용이다. 이러한 현상이 반복되는 이유는 패러다임이 반영되지 않은 규제에 대한 형식적인 대응의 결과다. 그들이 주장하는 모범적인 대책에 또 다른 희생자가 나온다. 신호수, 유도자, 감시자….

혹자는 세상은 변했어도 산업현장의 관행은 변하지 않았다고 주장할 수 있다. 현실을 기업의 책임으로 돌린다. 모범 대책을 옹호한다. 그럴 수도 있다. 필자의 관점은 다르다.

규제가 증가되는 이유는 현장에 대한 경험 부족, 사고가 나면 뭐라도 내놓아야 하는 시스템, 변화에 대한 책임 회피, 참고 자료 부족 등 다양하다. 35년 조직을 경험한 필자의 입장에서 이해는 간다.

'변화가 필요하다.' 헤라클레이토스의 말이 시사하는 의미를 되새겨 보자. 2025년 산업현장의 중대산업재해 예방 대책은 패러다임의 변화를 요구한다.

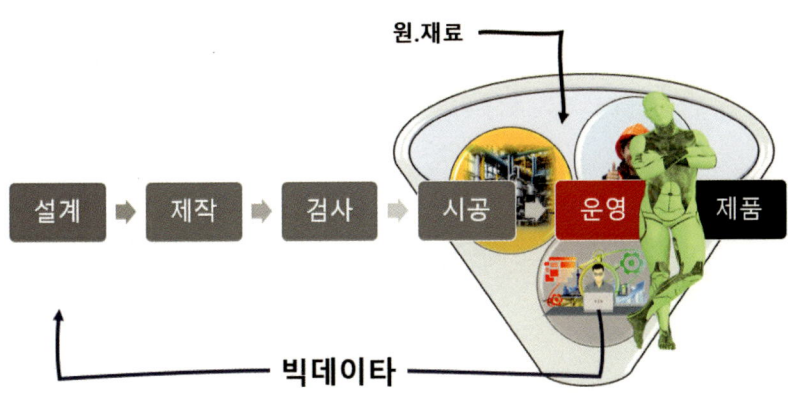

AI가 알려 주는 내용은 과거를 바탕으로 한다. 참고용이다. 데이터를 활용하는 분야는 AI의 활용 효과가 높게 나타난다. 안전 분야는 아직까지 양질의 데이터가 축적되어 있지 않다. AI의 활용 사례는 아직까지는 마케팅적 요소가 강하다. 검증까지는 시간이 필요해 보인다.

양적으로 대응하는 규제정책의 시대는 끝났다. 몇 년 동안 정부대책의 관리 목표인 만인률이 옆으로 흐르고 있다. 2030년 목표 달성을 위해 방향성을 하방으로 돌려야 한다.

일부의 노력만으로는 어렵다. 다수의 의견을 통합해 녹여내야 한다. 정부의 관련 부처, 기업, 노동계 상호간 절대적인 오픈마인드가 필요하다. 양질의 데이터가 없는 상황에서 대안을 찾을 수 있는 유일한 방법이다.

5
하인리히 프레임

1:29:300.

안전에 작은 관심이라도 가지고 있다면 한 번 이상 들어본 하인리히 법칙이다.

미국의 트래블러스라는 보험사의 위험관리 부서에 근무하던 허버트 윌리엄 하인리히(Herbert William Heinrich)가 회사 손해율을 낮추는 방안을 모색하기 위해 접수된 7만 5000건의 사고 자료를 검토하면서 발견한 통계 법칙이다.

1931년 『과학적 접근(Industrial Accident Prevention: A Scientific Approach)』이라는 책으로 출판된 이후 대한민국 안전관리의 상징이 되어 버렸다.

고용노동부가 발표한 산업재해 현황에 따르면 2003년 산업재해 사망자 수 2701명이 20년이 지난 2023년 2016명으로 만인율[6]이 2.55에서 0.98로 줄어든 것으로 발표되었다. 절대적인 수치는 줄었다.

문제는 만인율 감소 대비 사망자 수는 2000명대를 유지하고 있다는 것이다. 아직도 OECD 최하 수준을 벗어나지 못하고 있다.

---

[6] 산재사망률 = (산재사망자 수 ÷ 산재 적용 대상자 수) × 10000

지난 20년, 세상의 많은 것이 변했다. 안전은 제자리다. 단순명료한 수치가 주는 매력에 편승해 산업현장의 본질적인 안전관리를 추구하지 못한 결과다.

생계유지를 위해 경제활동을 하던 베이비부머 세대에게 사업주는 범접하기 어려운 존재였다. 산업현장에 대한 정부의 액션도 그들의 논리에 치우쳤다. 현장에서 외치는 소리는 규제에 반영되지 않았다.

산업현장에서 발생하는 안전사고는 유사한 내용의 반복이다. 지난 20년간 이를 제어하기 위한 많은 연구와 노력에도 안전사고 예방활동의 유의미한 결과를 보여 주는 수치를 확인할 수 없다.

한때 기업혁신의 도구로 벤치마킹이 유행했다. 이제는 AI가 보편화되면서 유명무실화되어 가고 있다.
미국과 일본, 유럽과 독일의 안전관리 시스템이 대한민국 산업현장에 맞을 리가 없다. 벤치마킹이 효과를 얻기 위해서는 뿌리에 대한 접근이 필요하다. 여기서 끝이 아니다.

적용하고자 하는 대상에 대한 정확한 현장 조사 과정은 필수다. 선행 연구를 활용한다. 현장 확인은 축소되거나 생략된다. 표면적으로는 현장의 수용성을 높이기 위해 3S[7]를 강조한다. 인터넷에 뿌려지는 안전 관련 가이드는 기본이 100페이지를 넘어간다.
현장 관리감독자, 안전관리자 누가 그 내용을 다 읽고 업무에 적용할 것인가에 대한 고민이 필요하다.

---

[7] 전통적 안전관리 3S: 표준화, 단순화, 전문화, 스마트 안전관리 3S: Small scale, Smart, Safety

전후 상황의 검증 없이 뿌리내린 하인리히의 법칙의 문제는 산업현장에서 발생하는 안전사고의 대부분을 불안전한 행동의 주체인 작업자에게 돌리는 결과를 초래했다.

안전사고가 발생해 근본적인 원인을 찾아내 대책을 수립하고 유지관리를 한다는 것 자체가 비생산적으로 인식되던 시절 사업주에게 면죄부를 주었던 법칙이 '1:29:300'이다.

작업자의 불안전한 행동으로 결론이 나면 심플하다. 대책은 개인보호구 착용과 조금 보태 안전교육 철저로 마무리 된다. 하인리히 법칙은 그들에게 만병통치약이었다.
복잡함을 싫어하고, 대충을 좋아하는 인간 다수의 본질적 특성이다. 기업의 관리감독자도 인간이다.

줄지 않는 중대재해 예방을 위해 특단의 조치만 생각할 필요는 없다. 경제가 팽창하던 시절 학계와 언론, 산업현장 의식 속에 뿌리내린 하인리히의 프레임에서 벗어나려는 노력이 병행되어야 한다.

6
구조적 결함

 사업장에서 반복되는 안전사고와 구조적 결함과는 원인과 결과의 관계다. 반복적인 안전사고들은 그 근본에 자리 잡은 구조적 결함이 표출된 결과인 경우가 많다.
 일시적이고 우발적인 사고가 아닌, 특정한 패턴을 가지고 반복되는 사고라면 구조적 문제 해결 없이는 근절되기 어렵다.

 구조적 결함은 적용되는 맥락에 따라 약간의 차이가 있다. 일반적으로 시스템, 제품, 또는 구조물의 근본적인 설계, 구성, 또는 내재된 특성 자체에 존재하는 문제나 취약성을 의미한다.

 안전사고를 발생시키는 구조적 결함은 운영 환경, 조작 방법, 그리고 이와 관련된 인간-시스템 상호작용 등 다양한 요소들이 복합적으로 얽혀 발생한다.

 단순히 장비 자체의 설계 결함만을 의미하는 것이 아니라, 시스템이 작동하는 총체적인 맥락에서 안전을 저해하는 내재적 문제를 포괄한다.
 이는 단순히 작업자의 불안전한 행동이나 순간적인 실수와 달리, 사고를 유발하는 기계 설비의 불량, 열악한 작업 환경, 부실한 관리 시스템, 비효율적인 안전 절차 등에 기인한 문제다.

안전장치가 제대로 작동하지 않거나, 작업자가 안전하게 작업할 수 있는 환경이 조성되지 않았거나, 사고예방을 위한 훈련이나 교육이 부족한 경우 등이 구조적 결함에 해당한다.

시스템, 환경, 제도 등 구조적 결함이 안전사고 발생에 미치는 영향의 정도를 수치로 정확하게 파악하기는 어렵다. 하지만 다수의 연구와 이론은 이러한 구조적 결함이 사고의 근본적인 원인이자 사고 재발의 핵심 요인이라는 점을 강조한다.

제임스 리즌(James Reason)의 '스위스 치즈 모델'을 통해 구조적 결함과 안전사고 발생과의 관계를 이해할 수 있다.

기업의 안전관리는 단순히 한두 가지 방어책에 의존하는 것이 아니라, 여러 단계의 방호막을 갖추고 있다. 물론 대기업이나 안전관리의 여력이 있는 중견기업에 해당한다.

각개의 방호 계층은 완벽하지 않으며, 제도적, 기술적, 인적 오류 등 다양한 요인으로 인해 '구멍(구조적 결함)'을 가지고 있다.
하나의 방호막 결함만으로는 사고가 발생하지 않지만, 여러 방호막에 분산되어 있는 결함이 우연히 일직선상에 놓이면 사고가 발생한다.

산업현장의 무재해 달성이 어려운 이유는 각 방호막에 방치된 결함들이 일직선으로 연결되는 시간이 순간적이기 때문이다. 대처할 여유가 없다. 모든 사고는 뒤돌아보면 후회를 남긴다.

각 방호막의 특성에 따라 사전징후가 나타나지만 만물의 영장인 인간이 가지고 있는 고유한 특성인 방심, 에러, 실수, 생략, 망각, 귀찮음 등 다양한 요인으로 관리되지 못해 사고로 이어진다.

안전관리의 핵심은 각 개별 방호막에서 발생하는 결함을 찾아내 신속히 정상화하고, 방호막에 영향을 미칠 수 있는 잠재 요인들을 제거하는 것이다.
스위스 치즈 모델은 사고가 단일한 원인으로 발생하는 것이 아니라, 여러 잠재적 결함들이 복합적으로 작용한 결과임을 나타낸다.

여러 방호막의 구멍이 정렬되어 사고를 유발하는 위험이 '통과'할 수 있는 통로가 형성된다. 장비 결함(첫 번째 구멍), 관리자의 감독 소홀(두 번째 구멍), 작업자의 실수(세 번째 구멍) 등이 일렬로 발생하면 큰 사고로 이어질 수 있다.

필자는 안전사고 사례를 접할 때마다 치즈 모델을 떠올린다. 사고가 일어나기 앞 단계의 여러 방호막 중에서 한곳이라도 결함이 없었다면 하는 아쉬움이 남는다.

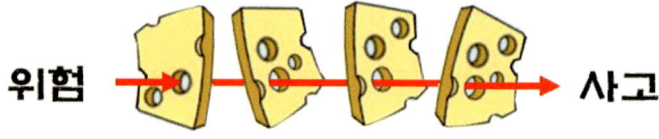

50인 이하 중소기업의 경우 법에서 요구하는 다층의 방호막을 갖추기도 현실적으로 어렵다. 설령 갖춰진다고 해도 유지가 안 된다.

서류상으로 카피해 놓은 안전보건체계, 위험성평가, 안전교육, TBM 활동 등 현장과 연계되지 않는 보험용의 개별 방호막에는 구멍이 여러 개 뚫려 있다. 당연히 전체 구멍이 일직선상에 놓일 확률이 높아질 수밖에 없다.

여러 개의 방호막을 결함 없이 유지관리를 한다는 것은 쉽지 않은 일이다. 기업의 역량과 자원, 업종 환경 등을 고려한 단일 방호막을 선택해 완벽하게 유지하는 것이 더 좋은 안전관리의 선택지가 될 수 있다. 50인 이하 중소기업의 경우 고려해 볼 필요가 있다.

7
망자의 후회

중대재해 알림톡이 떴다. 후진하는 지게차에 부딪치고, 지붕보수 작업 중 추락했다. 유사한 사례의 반복이다. 고단하고 치열했던 삶의 현장이 허무하게 끝을 맺었다.

망자를 앞에 놓고 법리 다툼을 벌인다. 산업현장을 경험하지 않은 사람들이 문서를 가지고 사망의 인과관계를 따진다. 물러서지 않는 창과 방패의 지루한 논쟁이 계속된다.

'중처법' 시행 이후 대형 로펌들의 매출이 증가했다는 뉴스를 보았다. 배가 산으로 향하고 있다.

망자의 후회가 산 자의 가슴속을 파고든다. 산 자는 망각을 통해 이별의 아픔을 덜어 낸다. 산 자의 삶은 계속되어야 한다.

산 자들의 망각이 또 다른 누군가의 삶의 마감으로 이어진다. 실체 없는 산업현장 중대재해가 근로자들을 대상으로 러시안룰렛 게임을 즐기고 있다.

다음 대상은 당신이 될 수도 있다고 경고 시그널을 보낸다. 게임은 현재 진행형이다.

'유사 → 반복 → 후회 → 망각'의 사이클이 뒤섞였다. 얽힌 실타래를 풀기 위해 많은 규제들이 산업현장에 뿌려지고 있다. 가시적인 효과를 기대하지만 더 이상 진전이 없다.

현실 상황을 규제의 실효적 한계성으로 국한시키기에는 산업현장의 잠재적 위험에 대한 관리적 스펙트럼이 너무 넓다.

안전사고 예방이 쉽지 않은 이유는 그 중심에 인간이 자리하고 있기 때문이다. 실수할 수 있고, 착각할 수 있고, 때로는 편리함을 추구하려는 습성을 가지고 있다.

1000번을 잘 해도 단 한 번의 실수가 되돌릴 수 없는 결과로 이어지는 것이 사고다. 사고예방을 위해서는 안전한 반복 작업에 대한 지속성이 담보되어야 한다.

대한민국 산업현장에 근무하는 모든 근로자가 직장 생활을 영위하는 동안 한결같아야 한다. 산업현장의 안전사고 예방관리, 결코 쉽지 않은 미션이다.
2023년 기준 제조업 사업체 수는 약 53만 7000개, 종사자 수는 약 415만 명에 달한다. 국민총생산 중 제조업 비율이 27.5%, 건설업이 3.7%를 차지하고 있다.[8]

---

[8] 출처: KOIS 국가통계포털.

고용노동부 통계에 따르면 중대산업재해의 약 52%는 건설현장, 제조업 25%, 기타 업종(서비스, 운수업종 등) 23%의 비율로 발생했다.

건설업은 작업 환경이 대부분 야외다. 계절적 영향과 고소작업, 중장비 운용 등 위험 요소가 많다. 공정도 달라 작업자에 대한 일관적인 안전관리가 쉽지 않다. 떨어짐, 깔림, 무너짐 등의 사고가 빈번하다.

제조업은 기계 설비와 화학물질 취급이 많아 끼임, 절단, 화재·폭발 등의 사고가 주요 원인으로 지목된다.

산업현장에 안전사고의 발생을 확대시킬 수 있는 요인들이 또 있다. 고령화와 외국인 근로자의 증가다. 건설업은 외국인 근로자가 없으면 유지가 어렵다.

대기업 대비 작업환경, 복지, 급여 수준이 낮은 중소기업도 다르지 않다. 50인 미만의 제조업에 중대산업재해 발생비율이 높은 이유와 무관치 않다.

얽힌 실타래를 풀기 위해 처음 해야 할 일은 '왜 실타래가 얽혔는가'에 대한 원인을 찾는 일이다. 복잡하고 지루한 과정이다. 인내가 필요하다.

대책의 실효성을 높이고 재발을 방지하기 위한 피할 수 없는 절차다. 생략하고 적당히 하면 사고는 계속될 수밖에 없다. 사고 사례 조사에 해당 분야 경험자가 참여할 수 있는 제도적인 보완이 필요하다.

망자가 후회하는 이유를 가장 잘 알고 있는 사람은 업무를 같이 수행했던 주변의 동료들이다. 그들이 입을 닫고 있다. 사고 조사에 동종업종의 경험자가 필요한 이유다.

8
투 트랙

투 트랙(two-track). 어떤 사안에 대해 두 가지의 다른 접근 방식을 동시에 취하는 전략이나 방식을 의미한다.

흔히 외교나 군사적 문제 해결 시 공식적 경로와 비공식적 경로를 동시에 이용하거나, 사업에서 두 가지 다른 콘셉트의 제품을 동시에 내세우는 경우 등에 사용되며, '양면 전략'이나 '이원화'로 표현할 수 있다.

중대산업재해 예방활동의 실효적 효과를 위해 필요한 전략이다. 필자도 경험해 보지는 못했다. 축적된 안전경험을 바탕으로 만들어 낸 전략이다.

산업현장에서 발생하는 중대산업재해의 유형은 단순하다. 추락, 끼임(협착)이 다수를 점한다. 결과론적 관점에서 시작되는 대책에는 투 트랙 전략이 필요하지 않다. 사고를 예방하기 위한 제도의 시행에는 투 트랙 전략이 필요하다.

안전사고는 어디에서 시작해 어디로 튈지 모른다. 잠재위험 요소를 포함해 작업자의 불안전한 행동, 기계장치의 불안전한 상태 등 많은 요소들을 관리의 대상으로 삼아야 한다.

정부 부처나 관계기관의 안전제도나 안전정책의 효과가 얼마나 있었는가에 대한 정량적인 수치는 확인할 수 없다.

산업재해 예방을 위한 제도 및 정책들은 지속적으로 강화되어 왔지만, 그 효과에 대해서는 긍정적인 측면과 한계성이 동시에 존재한다는 평가가 지배적이다. 특히 대기업과 소규모 사업장 간의 효과 편차가 크다는 점이 중요한 문제로 지적된다.

위와 같은 현상은 안전 관련 업무와 연계되어 있는 정부 부처 간 각개전투에서 비롯된다. 이 부분은 내가 최고라는 클로즈 마인드, 부서 이기주의가 바닥에 깔려 있다.

산업현장의 중대산업재해 예방활동의 실효적 효과를 위해서는 산업현장에 대한 직접적인 액션과 대중을 상대로 한 안전문화 향상을 위한 투 트랙 전략이 필요하다.

필자가 강조했던 50년의 의미 중 남은 25년을 앞당겨 K-Safety를 실현시킬 수 있는 대안이다.
선진국의 만인율이 낮은 이유는 제도의 운영과 규제의 영향력이 아니다. 국민의 안전에 대한 의식 수준 향상이 결정적인 영향을 미쳤다고 볼 수 있다.

법이나 규정을 가지고 사업주를 관리하려고 해도 고객의 소리만큼은 영향력을 발휘할 수 없다. 생산제품의 최종 목적지인 고객의 입에서 안전에

대한 소리가 나올 수 있게 해야 한다.

　산업현장의 안전사고 예방과 별도로 소비자의 안전의식 수준 향상을 위한 노력이 필요하다. 소비자를 통해 기업의 자발적인 안전관리를 유도하는 전략이 필요하다.

　기존 중대산업재해 발생기업에 대한 공표는 수동적이다. 소비자가 상황을 알 수 있도록 다양한 통로를 찾아내 적극적으로 활용해야 한다.

　기업이 제품을 생산하는 목적은 제품 판매를 통해 소비자에게 유용함을 주기 위함이다. 해당 제품을 제조하는 과정에서 근로자의 희생이 있었다면 소비자는 제품 구매를 통해 자신의 유용성을 충족시키려 하지 않을 것이다.

9
예방과 통계

야구는 '데이터의 스포츠'라고 불릴 만큼 통계데이터가 가장 광범위하고 깊이 있게 활용되는 분야 중 하나다. 단순히 선수의 타율이나 방어율을 넘어, 경기전략, 선수 영입, 훈련방식 등 구단의 운영 전반에 통계 분석을 활용하는 것으로 알려져 있다.

WAR(Wins Above Replacement), 대체선수 대비 승리 기여도다. 해당 선수가 리그 평균 수준의 대체선수에 비해 팀 승리에 얼마나 기여했는지를 나타내는 지표다.

OPS(On-base Plus Slugging), TV 중계 시 선수별로 자막에 자주 나온다. '출루율 + 장타율'로 타자의 생산력을 평가하는 지표다. 데이터를 사용해 공유되는 선수들 순위는 경기 능력 향상으로 이어진다.

팬층이 두터워지고, 프로야구의 인기를 확산시킨다. 2024년 입장객 수 1000만 돌파의 파급력이 2025년에도 계속되었다. 통계의 힘이다.

AI가 나오기 전에는 데이터 마이닝이란 분석도구를 활용해 데이터에 숨겨진 패턴과 관계를 찾아내 활용했다. 마이닝(Mining)은 전통적으로 광산에서 석탄, 금 등 광물자원을 캐내는 행위를 뜻한다.

축적된 데이터를 활용해 연구 분석을 하는 이유는 보통 현실에서 발생하는 문제에 대한 답을 찾기 위한 과정이다. 양질의 데이터[9]가 필요하다.

안전사고를 예방하기 위해 정부 관련 부처, 공공기관, 개별기업 등에서 다양한 대책을 수립 시행하고 있다. 방법은 조금씩 다를 수 있겠지만 목적은 동일하다.

최근 몇 년간 재해율을 고려할 때 전체적으로 다양한 대책별 시행에 따른 유의미한 효과가 있었는지 의문이 간다. 전국의 산업현장을 대상으로 하다 보면 그럴 수 있다고 하겠지만 궁금한 건 사실이다.

기업도 크게 다르지는 않다. 표면적으로 안전사고예방 계획을 수립하고 실행을 통해 무재해를 달성하는 기업의 숫자는 확인이 어렵다. 필자의 경험에 의하면 기업이 유용하게 활용할 수 있는 안전 관련 데이터 기반이 빈약하다.

안전관리의 경우 활동효과를 정량적으로 나타내기가 어렵다. 기존의 정량적인 안전 이벤트건수, 아차사고 등록건수, 안전 제안 건수 등을 합산해 기업의 무재해 실적과 연계시키려고 해도 문제가 발생한다.

1년 중 11개월을 무사고로 있다가 12월에 단 한 건의 사고가 발생하면

---

[9] 양질의 데이터란 분석에 적합하고, 명확하며, 오류가 적고 충분한 양을 갖춘 데이터를 의미함.

모든 집계의 의미가 사라져 버린다. 아차사고 등록 10건당 안전사고 1건 예방이라는 정량적 등식이 아니다.

제3자가 당신네 회사의 천만인시 달성은 우연이라고 해도 반론을 제가 하기가 어렵다. 대표적인 것이 안전문화 활동이다. 효과는 있어 보이는데 정량적인 측정은 안 된다.

결과적으로 안전관리 활동은 결과를 염두에 두는 것이 아니다. 과정을 통해 결과를 만들어 가는 것이어야 한다. 중대산업재해 예방을 위한 대책이 실효적인 성과로 이어지게 하려면 계획수립의 출발점은 양질의 데이터가 존재해야 한다.

양질의 데이터가 확보되지 않은 상태에서 사고의 결과만을 놓고 만들어지는 대책의 효과는 낮을 수밖에 없다.
뒷북 행정이라는 말만 나온다. 조급증에서 벗어나 양질의 데이터를 어떻게 확보할 수 있을 것인가에 대한 고민이 먼저다.

「산업안전보건법」과 「중대재해처벌법」은 재해 원인 조사와 재발 방지 대책 수립을 위해 개인정보를 포함한 사고 관련 정보를 수집하고 처리할 수 있도록 허용하는 근거가 되는 것으로 알고 있다.

필자에게 들어오는 중대재해 알림톡은 '그냥 이런 사고 있으니까 조심해' 하는 메시지다. 중대재해 예방의 실효성을 높이기 위해서는 보다 진일보한 정보공개가 필요하다.

양질의 데이터는 사고현장에 있다. 사고 조사의 목적이 법의 위반 여부를 따지기 위함이라는 것을 부정하지 않는다. 양질의 데이터를 확보할 수 있는 수많은 기회가 사라졌다.

사고 재발 방지를 위한 전제 조건이 깔려야 한다. 망자를 놓고 밝히려는 자와 숨기려는 자들의 충돌이 묵시적인 결론에 도달한다. 중대산업재해 예방을 위해 필요한 양질의 데이터를 확보하지 못한 상태로 우리의 기억 속에서 멀어진다.

오늘도 또 다른 어느 곳에서 유사한 사고가 반복된다. 숨기려는 자의 협조가 필수적이다. 현실적으로 어려운 결론이다.

현장에서 발생한 중대산업재해의 발생 원인에 대해 가장 많은 정보를 가지고 있는 사람은 망자(亡者)다. 다음이 같이 업무를 수행한 동료와 관리감독자다.
설령 사고현장을 목격하지 않았다고 해도 주변 상황을 보고 가장 신뢰성 있는 원인에 접근할 수 있는 사람들이다.

실패를 기회로 돌리기 위해서는 관점의 변화가 필요하다. 사고 발생의 인과(因果)관계에 대해 설명을 할 수 없는 관리자 하고는 법의 책임기준이 달라져야 한다.
중대산업재해 예방을 위해 결과에서 배운다는 것은 이치에 맞지 않다. 모두가 원치 않는 결과이지만 발생된 사고에 대한 자료의 수집과 공유는 매우 중요하다.

산업현장의 안전사고 결과에 대한 분류 및 실적집계는 각종 지원시스템과 연계되어 관리되어야 한다. 상황에 따라 분류방식이 바뀌고, 운영자의 입맛에 맞춘 통계 자료는 사실에 근거한다고 하지만 경향성 예측에 활용할 수가 없다.

망자가 말하지 않는 안전사고예방 대책의 핵심은 통계 자료에 숨어 있다. 산업현장 안전사고에 대한 통계의 중요성이 제고되어야 한다.

10
자기규율 예방체계

자기규율 예방체계(Self Regulation System)는 산업안전보건 분야에서 사업장이 스스로 위험을 발굴하고 예방하는 자율적 안전관리 방식이다.

2022년 11월 30일, 정부는 관계부처 합동으로 「중대재해 감축 로드맵」을 발표하며 자기규율 예방체계를 본격적으로 도입하기 시작했다.

이후 2023년부터 고용노동부와 안전보건공단을 중심으로 위험성평가와 작업 전 안전점검회의(TBM)를 핵심 수단으로 하는 자기규율 예방체계 구축이 추진되었다.

자기규율 예방체계는 단순히 법적 의무 이행을 넘어 산업현장의 안전관리 패러다임을 바꾸기 위한 정부의 전략적 선택이었다.

■ 산업재해 감소의 실효성 확보

규제 중심 접근만으로는 산업현장의 복잡한 안전 문제를 해결하기 어려웠기 때문에, 사업장 스스로 위험을 인식하고 개선하는 방식이 필요했다.

■ 중소기업의 현실적 한계 극복

인력과 자원이 부족한 중소기업은 법적 요구사항만으로는 안전보건관리체계를 제대로 구축하기 어려워, 자율적이고 맞춤형 접근이 요구되었다.

■ 예방 중심의 안전문화 정착

사고 발생 후 처벌보다는 사전 예방과 자율적 관리를 통해 안전을 기업문화로 내재화하려는 목적이 있었다.

■ 현장 참여 확대

노사 모두가 참여해 위험성평가를 실시하고, 작업자에게 결과를 공유함으로써 현장 중심의 안전관리를 실현하고자 도입했다. 궁극적으로 '사고 이후의 처벌'이 아니라, '사고 이전의 예방'을 중심으로 한 자율적 안전관리 문화 정착이다.

자기규율 예방체계는 영국과 독일 등 안전보건 선진국에서 먼저 도입되어 발전해 온 개념이다. 영국은 기존의 지시적 규제 방식(command and control)에서 벗어나, 목표 기반 규제(goal-based regulation)로 전환하면서 자기규율 예방체계가 자리 잡았다.

대표적인 사례로는 'Health and Safety at Work Act 1974'가 있으며, 이 법은 사업장이 스스로 위험을 평가하고 예방 조치를 취하도록 요구한다.
독일은 사회보험조합 중심의 산업안전 체계를 통해 자기규율 예방체계를 정착시켰다. 특히 중소규모 사업장을 대상으로 한 위험성평가 활성화와 자율적 안전관리 활동이 강조되었다.

3개국 자기규율 예방체계 도입시기 및 계기 비교

국가	도입시기	주요계기
영국	1972년 Robens 보고서 발표 이후	기존 규제중심의 한계 인식, 자율규제로 전환
독일	1996년 EU 산업안전보건 지침 이행	「산업안전보건법」(ArbSG) 제정으로 위험성평가와 자율관리 체계 도입
한국	2022년 「중대재해처벌법」 시행 이후	산업재해 감축 로드맵 발표와 함께 자기규율 예방체계 본격 도입

제도 정착의 속도와 방식을 비교해 보면 영국은 「로벤스 보고서」 이후 점진적으로 법령과 감독체계를 개편하며 위험성평가를 중심으로 자율규제 모델을 정착시켰으며, 독일은 보험조합 중심의 안전관리 체계를 통해 사업장 규모와 관계없이 자율적 예방활동을 유도했다.

한국은 비교적 짧은 시간 안에 제도를 도입하고 확산시키기 위해 정부 주도형 컨설팅, 교육, 인센티브를 병행하며 빠른 정착을 시도 중에 있다.

영국·독일은 자율관리의 철학과 문화가 먼저 자리 잡은 나라이고, 한국은 강력한 규제 이후 자율관리로 전환하려는 나라다. 이 차이는 단순한 제도 도입의 시점이 아니라, 산업안전의 접근 방식과 문화적 기반의 차이를 보여 주고 있다.

사업장 위험성평가에 관한 지침이 개정이 되고 2년이 지난 시점에서 '위험성평가를 지원받은 사업장'에 대한 보도자료가 공개되었다.

자료의 핵심 내용은 위험성평가 실시에 대해 다소 부담을 느끼는 50인 미만 사업장을 대상으로 컨설팅 지원을 실시한 결과 사고 사망자가 66.7% 감소했다는 것이다.

3만 837개 사업장을 대상으로 사고 사망자 현황을 분석했으며, 컨설팅 전·후 사고 사망자 수는 66.7%가 감소(168명 → 56명, △112명 감소)했다.
세부적으로 보면, 안전보건관리체계 구축 컨설팅에 참여한 사업장(1만 6062개소)은 사고 사망자 수가 72.6%(146명→ 40명, △106명 감소) 줄었고, 위험성평가 컨설팅에 참여한 사업장(1만 4775개소)은 사고 사망자 수가 27.3%(22명→ 16명, △6명 감소) 줄었다.

다만, 이번 분석은 컨설팅을 지원받은 사업장의 2년간 사고 사망자 수를 단순 비교한 것으로 경기 효과, 사업 규모 변화 등 다른 변수의 영향을 배제하지 않은 한계가 있다.[10]

향후 지속적인 추적관리를 통한 업데이트가 필요하다. 산업현장에서 발생하고 있는 중대산업재해의 빈도수를 고려할 때 현재의 결과로 제도의 효과를 논하기에는 미흡하다.

2023년 7월 안전관리전문기관을 개업했다. 동기의 소개로 2024년 4월부터 중소기업의 안전컨설팅을 지원해 주는 사단법인과 연결되어 1년 6개월 동안 전국 40개 중소기업을 방문했다.
사업장 내 잠재 위험 요인을 발굴하고 위험성평가 기법을 지도해 주었

10　2025. 5. 22.(목) 12:00 고용노동부 보도자료

다. 현장에서 몸으로 들어오는 감정은 본질에 대한 개인적인 편견을 최소화할 수 있다.

앞에서 언급했듯이 영국과 독일은 자율관리의 철학과 문화가 먼저 자리 잡은 후 Self Regulation System을 도입했다.

기업 관점에서 자기규율 예방체계의 시작은 「산업안전보건법」을 베이스로 기업의 자율적인 안전관리를 통해 산업재해를 예방하는 것이다.

50인 이하 기업의 경우 정부전략을 수용할 준비가 전혀 되어 있지 않은 상태다. 일부 대기업 정도에서 수용할 수 있는 전략이다. 업종, 규모 등 다양한 층별을 통한 수정된 전략적 접근이 필요하다.

규제와 처벌은 시장논리를 수정하는 바른 기준을 설정한다는 의미에서 필요하지만 그것이 전부가 되어서는 안 된다. 현장의 수용성과 작동성을 담보할 수 있는 방안에 대한 고민이 병행돼야 한다.

11
K-Safety

고대 바빌로니아의 함무라비 법전에는 집이 무너져 주인이 사망하면 건축업자를 사형에 처하는 규정이 포함되어 있다. 이는 작업의 안전에 대한 책임을 최초로 명문화한 사례다.

영국에서 시작된 산업혁명으로 대규모 공장이 생겨나면서, 열악한 작업 환경과 기계 설비의 위험성으로 인해 산업재해가 급증했다.

1802년 공장법을 제정해 아동 노동자의 노동시간을 제한하고 위생 규정을 마련했다. 1833년에 제정된 공장법(Factory Act of 1833)은 공장감독관 제도를 통해 기존 공장법의 허점이었던 '단속 및 집행력 부재'를 보완하고, 아동 노동에 대한 실질적인 규제를 가능하게 했다.

1880년 영국은 고용주 책임법(Employers' Liability Act)을 제정해 동료직원 책임(Fellow Servant Rule)[11], 위험 수용(Assumption of Risk)[12], 기여 과실

---

11 동료 직원의 부주의로 인한 사고는 고용주가 책임질 필요가 없다는 원칙.
12 노동자가 고용 관계를 맺을 때 작업에 내재된 위험을 스스로 감수하기로 동의했다고 보는 원칙.

(Contributory Negligence)[13]의 고용주의 방어 논리를 제한하기 시작했으며, 관리감독자의 부주의로 인한 사고의 경우 고용주가 책임을 지도록 명시했다.

19세기 말부터 영국과 독일에서 산업재해로 인한 피해를 보상하는 법률이 제정되면서, 안전에 대한 책임이 고용주에게 더욱 강화되었다.

1970년에는 미국에서 직업안전보건법(Occupational Safety and Health Act)이 통과되어, 연방 정부가 안전기준을 설정하고 집행하는 권한을 갖게 되었다.

1986년 체르노빌 원자력 발전소 사고 이후에는 안전을 단순히 기술적 문제로 보지 않고, 조직 전체의 문화와 의사 결정 과정으로 인식하는 '안전문화(Safety Culture)'라는 개념이 등장했다.

1990년대 중반, 국제노동기구(ILO)는 전 세계적으로 산업재해 예방을 위한 국제기준을 마련하는 데 앞장섰고, 여러 국가가 이를 토대로 「산업안전보건법」을 정비하기 시작했다.

2000년대에는 기업의 사회적 책임(CSR) 의식이 높아지면서, 기업의 안전경영이 단순히 법적규제 준수를 넘어선 경쟁력 강화 요소로 인식되었다. 공공부문뿐만 아니라 민간부문까지 포함하는 포괄적인 재난 거버넌스가 중요한 과제로 부상했다.

---

[13] 사고 발생에 노동자 본인의 과실이 조금이라도 있다면, 고용주는 책임을 지지 않는다는 원칙.

2010년대 이후 인공지능(AI), 사물인터넷(IoT), 빅데이터 등 4차 산업혁명 기술이 안전관리에 접목되기 시작했다.

스마트 안전장비를 통해 실시간으로 작업환경을 감시하고, 빅데이터 분석을 통해 사고위험을 예측하는 등 선제적인 안전관리가 가능해졌다.

2010년대 후반부터 기업의 환경(E), 사회(S), 지배구조(G)를 포괄하는 ESG 경영이 전 세계적인 흐름으로 자리 잡았다. 이 중 'S(사회)'의 핵심 요소인 노동자의 안전과 건강을 보장하는 것이 기업의 지속 가능성에 중요한 영향을 미치게 되었다.

기후변화로 인한 자연재해 증가에 대응하기 위한 안전관리 전략이 중요해졌다. 안전관리의 목표가 단순한 사고예방을 넘어, 환경적 지속 가능성까지 고려하는 방향으로 진화하고 있다.

지금까지 안전 관련 세계사적 흐름을 정리해 보았다. 출발점을 고려하면 한국의 안전관리 시스템도 세계적 흐름과 동일한 방향으로 나아가고 있다.

수준은 같다고 단정하기 어렵다. 산업재해 사망률과 같은 객관적인 지표에서 한국은 여전히 선진국에 비해 미흡하다.

OECD에 가입한 지 30년의 세월이 흘렀다. 많은 분야에서 대한민국의 저력이 두각을 나타내고 있지만, 안전 분야는 선진국과의 수준차이를 좁히지 못하고 있다. **K-Safety가 저력을 입증할 차례다.**

대상은 나와 있다. 최근 통계에 따르면 산업재해 사망자의 70~80%가 50

인 미만 사업장에서 발생했다. 이는 소규모 사업장의 열악한 안전관리 실태를 보여 주는 명확한 지표다.

2025년 상반기 재해조사 결과에 따르면, 50인 미만 사업장의 사망자는 전년 동기 대비 21명 증가한 176명으로 집계되었다. 5인 미만 초소규모 사업장의 사망자는 23.9%나 급증하며, 사고 발생이 가장 취약한 곳임을 다시 한번 확인시켜 주었다.

50인 이하 중소기업의 안전관리에 대한 접근 전략을 고민해 보았다. 현재 생산활동을 하고 있는 기업이 대상이다. '한 가지만이라도 제대로'라는 방법론을 제시해 본다.

안전사고가 발생하는 원인은 모든 경영활동과 직간접적으로 연결되어 있다. 예방할 수 있는 방법도 다양하다. 어떤 방법을 선택할 것인가는 중요하지 않다.
지속적인 실행 및 관리가 필요하다. 최고 경영자의 관심과 의지는 안전활동의 에너지다.

우리 회사에서 가장 잘할 수 있는 것, 우리 회사의 가용자원을 활용할 수 있는 것, 우리 회사의 업무적 특성을 이용할 수 있는 것. 경영, 생산, 품질, 혁신 따지지 말자. 하나라도 제대로만 하면 안전관리에 긍정적인 영향을 가져온다.
'우리 회사는 영업이익을 10% 높여 다음해 안전관리 예산을 증액하겠다.' 인정하자. '우리 회사는 작업장의 주기적인 청소를 실시해 깨끗한 작업환경을 만들겠다.' 인정하자.

적극적인 참여를 통해 목표를 달성하면 기업이 원하는 인센티브를 제공하자. 협약서에 명시하면 된다. 정부 지원 70%, 자부담 30% 광고하면서 안전장치 공급하지 말고 기업이 선택할 수 있도록 하자.

무엇을 어떻게 진행할 것인지 항목 선택부터 계획수립, 시행, 효과 파악까지 기업 자율에 맡기자. 기업이 원한다면 해당 분야 컨설턴트 연결해 도움주고, 효과 파악은 1년 후에 현장에서 하면 된다.

기업의 모든 경영활동은 사람과 연결되어 있다. 사람이 움직이지 않으면 백약이 무효다.

50인 미만 중소기업의 중대산업재해 예방 효과를 위해서는 기업의 움직임을 통해 변화를 체감하고, 경험한 사람들이 필요하다. 본격적인 안전컨설팅은 1년 후에 시작해도 늦지 않다.

흉내 내고, 따라만 가지 말자. 모두가 협력해서 **K-Safety** 한번 만들어 보자.

12
건설업

　EBS의 '골라듄다큐' 채널의 〈극한직업〉 프로그램을 간혹 찾아본다. 2020년 4월에 방송된 '건설현장의 꽃 타워크레인 설치반' 편에서 100m 높이의 인상 작업을 마친 작업자가 땅을 밟으면서 PD를 보고 하는 말.
　"편안한 마음으로 퇴근해서 아주 좋습니다."
　18년 경력자의 소박한 멘트다.

　건설업 사망자 현황을 재해조사 대상 기준으로 보면 2022년 53%, 2023년 47.0%, 2024년 46.9%를 차지한다. 전체 건설업 사망 사고의 상당수는 50억 원 미만의 소규모 건설 현장에서 발생한다.

　미국 노동통계청(BLS)의 2023년 통계에 따르면, 벌목 노동자가 사망자 발생비율(10만 명당 사망자 수)이 98.9명으로 가장 높은 직업으로 꼽혔다.

　사망률이 아닌, 총 사망자 수로 보면 순위가 달라진다. 2023년 가장 많은 사망자가 발생한 직업군은 운수 및 자재 운반 직종으로, 총 1495명이 사망했다. 이어서 건설 및 채굴 직종에서 1055명이 사망했다.

한국은 미국 BLS처럼 '벌목 노동자'나 '어업 종사자' 같은 세부 직업별 사망률 통계를 공표하지 않고 있다. 대신 건설업, 제조업, 기타 서비스업과 같은 넓은 범주의 업종별 통계를 제공한다.

한국은 '건설업'이라는 큰 틀로 통계를 내기 때문에, 건설업 내에서도 위험도가 다른 세부 직종별 위험성을 파악하기 어렵다.
미국은 '건설업 보조원'의 높은 사망률 등 특정 작업의 위험도를 정확히 분석해 맞춤형 안전 대책을 세울 수 있다.

건설업의 중대산업재해 예방을 위해 건설부문의 특정 작업에 대한 사망률 등의 공표가 필요하다. 필자와 같이 안전을 업으로 하거나 안전에 관심을 가진 사람들이 생각을 확장시켜 좋은 의견을 제시할 수 있도록 산업현장 중대산업재해에 대한 다양한 통계 자료의 개발이 필요하다.

한국과 미국 건설업종의 위험도를 나타내는 통계 자료는 수집 및 산정 방식, 제공하는 정보의 범위에서 큰 차이를 보인다. 이러한 차이는 단순히 숫자의 비교를 넘어, 각국의 안전관리 체계와 정책의 특성을 반영한다.

미국은 연방 기구인 OSHA가 강력한 규제와 벌금 제도를 통해 산업안전을 관리한다. 통계는 이러한 규제의 효과를 측정하고 개선하는 데 활용되는 반면, 한국은 처벌 강화 중심의 안전 관리 시스템(「중대재해처벌법」)을 운용하며, 통계는 주로 재해 예방교육, 연구자료, 컨설팅 등 안전보건공단(KOSHA)의 사업 근거 자료로 활용된다.

원인을 알고 있는데 사고는 줄어들지 않는다? 두 가지 이유다. 알고 있는 원인이 사실과 다르다. 아니면 대책의 실효성을 가로막는 벽이 존재하고 있는 경우다.

답은 후자다. 벽을 치우면 된다. 말처럼 간단하지 않다. 눈에 보이지 않는 벽이다. 그들에게는 오래된 관행의 암묵적 카르텔이 존재하고 있다.

인간의 물질적 욕구가 만들어 놓은 벽을 무너트리기 위한 대책이「중대재해처벌법」이다. 시행한 지 4년 차다. 중대산업재해가 줄어들지 않는다고 법의 폐지를 논한다. 벽들의 외침이다.

건설현장의 중대산업재해 발생비율이 높은 이유는 눈에 보이지 않는 벽의 높이가 타 산업 대비 높기 때문이다. 50억 원 이하 공사장의 경우 개인 보호구만 제대로 사용해도 중대산업재해를 상당 부분 줄일 수 있다.

건설현장의 안전사고를 줄이기 위해서는 불필요한 벽을 치워야 한다. 방법은 모두가 알고 있다. 정부의 역할이 중요하다. 뒤에는 건강한 소비자들이 받치고 있다.

13
근로감독

독자님들 찾으셨는지? 나무 위에서 가지치기하고 계시는 분. 아래에 A형 사다리가 보인다. 어림잡아 높이가 6m는 넘어 보인다. 사다리는 필요하지 않다. 나무에 매달려 가지를 자르고 있는데 안전벨트는 보이지 않는다.

우연히 현장을 보게 된 필자는 불안했는데 정작 당사자는 자연스럽게 가지치기를 하고 있다. 소리를 질러 "선생님! 위험합니다. 내려오세요!" 하고 싶었는데 참았다.

작업에 열중하고 있는 사람이 갑자기 주변에서 들려오는 소리에 반응하다 중심을 잃을 수도 있을 것 같아 모른 체하고 잠시 바라보다 현장을 떠났다. 일상에서 간혹 보는 상황들이다.

사업장 지도점검을 다니다 보면 가끔 다른 분들에 비해 유난히 짜증을 내는 사람이 있다. 어딜 가나 꼭 그런 유형의 분들 한두 사람은 있다. 우리 회사 안전은 내가 당신보다 더 잘 아니까 잔소리 그만하라는 무언의 신경질적 반응이다.

여럿이 있는데 붙으면 멋쩍어진다. 따로 불러 조근조근 이야기를 한다.
"선생님! 제가 하는 소리가 틀린 말은 아니지요. 다 선생님 다치시지 말고 안전하게 작업하시라고 드리는 말씀이에요. 다른 뜻 없습니다. 오해하셨으면 푸세요." 깔끔하게 정리된다.

중대산업재해 예방을 위한 근로감독관의 현장 관리감독이 강화될 모양새다. 신규인력도 많이 채용 중이다. 현장 관리감독 활동이 효과가 있으려면 그들에게 안전업무 관련해 도움을 주러 왔다는 인식이 들도록 해야 한다.

정부는 기존의 처벌 위주 규제에서 벗어나 기업의 자율적 안전 관리 역량을 강화하기 위해 'Self Regulation(자율규제)' 제도를 도입했다.
중대재해 감축을 목표로, 사업장 스스로 위험 요인을 평가하고 관리하는 '자기규율 예방체계'를 핵심 전략으로 추진 중이다.

정부의 산업재해 예방활동이 과거의 규제나 통제 형태로 회귀되지 않기를 바란다. 최고의 감독자에게는 오픈마인드와 유연성이 필요하다.

오늘도 대한민국 영토 안에는 혼자 A형 사다리 밟고 올라가 일하시는 분들이 부지기수다. 산업현장을 점검할 때 불안전한 행동의 경우 직접적인 지적보다 묵묵히 바라보는 것이 효과가 있을 때도 많다. 필자의 경험이다.

언어가 통하지 않는 외국인이라고 해도 본인의 행동이 불안정한 행동이라는 것을 모르는 사람은 없다. 공장 안에서 못 보던 사람이 자신을 응시하고 있으면 수정을 한다. 그때 눈이 마주치면 웃는 모습으로 응대하면 된다.

법 들이대면 대한민국에 정상적으로 돌아갈 공장 하나도 없다.

14
파라핀 오일

'위험물 취급 실무' 강의를 하다 학생들에게 물었다. 14개월 전 ○○○ 화재 사고를 알고 있는 사람이 있냐고. 50명 중 한 명도 아는 학생이 없었다.

여러분이 입사를 희망하는 회사들이 화재, 폭발의 위험성이 높은 인화성 물질을 다량으로 취급하는 곳인데 앞으로는 화재, 폭발 사고 관련 뉴스들도 관심을 가지고 보라고 권유했다.

그런 뉴스를 보는 것이 싫은 사람은 본인의 향후 진로를 한 번쯤 고민해 볼 필요가 있다는 이야기를 덧붙였던 기억이 떠올랐다.

2025년 10월 11일. 캠핑장 이용객, 파라핀 오일을 물로 착각, 라면 끓여 먹고, 구토 및 복통 호소, 10명 병원행. 뉴스를 보고 기존 MSDS 관리 제도의 보완 필요성에 대해 생각해 보았다.

라벨이 붙어 있지 않은 좌측 첫 번째 페트병에 담겨 있는 물질은 식용유다. 두 번째는 냄새도 없고 무색이다. 물로 보는 것을 탓할 수 없다. 세 번째는 워셔액으로 보인다. 네 번째는 마시고 싶어지는 석류 계통의 건강음료다. 사실은 전부 다 '파라핀 오일'이다.

'정책과의 괴리감'의 피해는 국민이다. 문제 해결에 대한 답은 현장에 있다. 안전사고 방지를 위해 결과가 아닌 예방관리의 필요성은 공감하면서 정작 어떻게 해야 할 것인지에 대한 방안은 말을 못한다. 현장을 모르기 때문이다.

사고 내용을 발표한 담당 소방청의 사고 조사가 어떤 식으로 마무리되었는지, MSDS를 관리하는 정부 부처와 기관의 담당자는 이번 사고를 통해 무엇을 생각하고, 관련 부처 간 어떤 업무협업을 했는지, 아니면 중대재해가 아니라 관심 밖이었는지는 알 수가 없다.

필자의 궁금증은 페트병의 라벨이 없는 이유(라벨이 있었으면 물로 보지 않았겠지요), 현장에 페트병이 얼마나 있었는지(페트병의 내용물을 물로 착각할 수 있게 했던 요인으로 작용, 대형마트나 슈퍼에서 생수가 쌓여 있는 것을 많이 보고 접함), 총 11명이었는데 그들의 나이, 직업, 회사 등 기본적인 인적사항, 10명이 한 팀인지, 아니면 여러 팀인지(MSDS라는 법이나 제도에 대한 사전 인지 여부 확인을 통한 제도 운영의 문제점 파악), 캠핑장 사업주의 페트병 관리 실태, 과거 동일 유사 사례에 대한 경험, MSDS 관련법에 대한 준수 유무 등이었다.

궁금증이 해소되지 않아 자신 있는 대책은 제시하지 못하지만 과거 MSDS에 대한 관리경험을 바탕으로 몇 가지 대책에 대한 제안을 해 본다. 정부 관련 부처 간의 협업이 필요한 부분이다.

직접 접촉이나 음용 시 인체에 해로운 물질을 시판하는 용기에 대한 법적 차별화가 필요해 보인다. 붙어 있는 라벨은 지속성이 제한적이다.

생산제품들의 판매 인허가 시 이러한 위험성들에 대한 검토가 이루어져야 한다. 앞에 사진에서 보듯이 라벨만 떨어지면 파라핀 오일이 누군가에게는 식용유, 물, 워셔액, 건강음료로 보일 수 있다.

생산자의 노력도 필요하다. 제품을 만들어 판매하는 데 급급해하지 말고 소비 과정에서 일어날 수 있는 다양한 위험성에 대한 평가가 필요하다.

보완대책은 사용의 편리성과 소비자들의 안전을 최우선으로 고려하고 보완대책에 따른 기업의 피해를 최소화시키는 방안에서 절충안이 모색되어야 한다.

MSDS 교육 과정에서 라벨이 없는 상태로 출처를 모르는 액체류에 대해서는 애초 음용을 금지하도록 전달되어야 한다. 리사이클링 효과를 높이고, 생산단가를 낮추기 위해 출시 과정에서 페트병에 라벨이 없는 상태로 음용수를 출시하는 점도 검토의 대상이다.

빈 페트병의 용도가 현장에서는 쓰임새가 높다. 쓰고 남은 액체에 대한 보관용으로 사용하는 경우 해당 경고 표시를 붙이거나 내용물에 대한 기록을 하는 근로자는 흔치 않다.
중소기업 현장에서 페트병에 라벨 부착하고 유성펜 보관해 놓고 기록할 소모품 같은 것 준비된 곳이 있을지도 의문이다.

근본적으로 공장 안에 지정된 용기 외에는 사용을 금지하는 사규를 만들어 실천하는 것도 불필요한 MSDS 관련 안전사고를 예방하는 방법이다.

금번 파라핀 오일처럼 소비자의 호기심을 자극하기 위해 다양한 색소를 이용해 상품 구성을 하는 부분에 대한 점도 MSDS의 사고 예방을 위해 검토되어야 할 부분이다.

내용물은 하나인데 다양한 색소를 첨가해 소비자의 구매심리를 자극한다. 일상에서 음용 오류에 의한 문제뿐만 아니라 혼용에 의한 또 다른 문제로 이어질 수 있다.
유사한 사고가 재현되는 이유 중 대책의 부실함이 차지하는 비중이 매우 크다. 문제에 대한 근본 원인은 현장에 있다. 현장에 대한 조사 및 확인 과정의 부실함은 제2, 제3의 파라핀 오일 사고로 이어질 수 있다.

파라핀 오일 사고와 유사한 건설현장에서 간헐적으로 발생하는 방동제[14] 음용 사고도 대책에 대한 리뷰가 필요해 보인다.

현장 점검을 통해 라벨이 붙어 있지 않은 방동제에 대해 MSDS 부착 명령을 내려 사고의 재발을 방지하기에는 건설현장이 너무 많다. 근본적인 대책이 필요하다.

---

[14] 겨울철 콘크리트 및 모르타르의 동결을 막아 하자를 방지하는 필수적인 화학물질. 일부 제품에 포함된 아질산나트륨 성분 때문에 물과 희석했을 때 무색·무취의 투명한 액체가 되어 음용수로 착각하고 마시는 중독 사고가 빈번하게 발생함.

15
까마귀

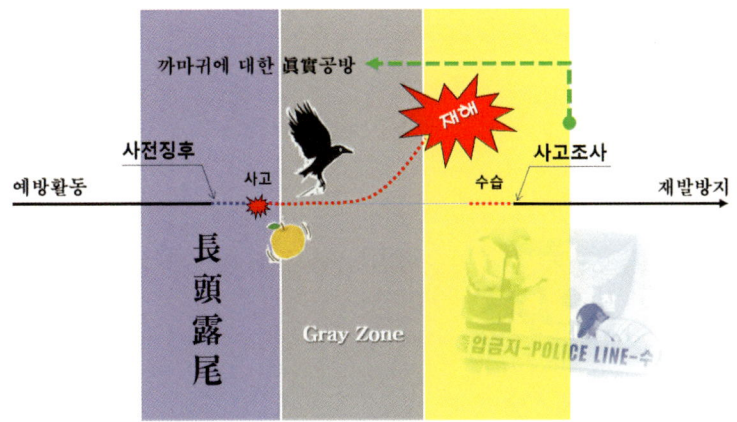

생산설비의 유지관리와 사고 발생, 사고 조사의 타임라인, 명품안전컨설팅

장두노미(長頭露尾).

2010년 교수들이 뽑은 올해의 사자성어다. 머리는 숨기려고 애쓰지만, 꼬리는 숨기지 못해 드러나는 것처럼, 어떤 사실이나 진실을 감추려고 해도 그 일부가 겉으로 드러나 실체를 보여 주는 것을 비유적으로 이르는 말이다.

속으로 감추는 것이 많아 들통날까 봐 전전긍긍하는 태도를 가리키기도 한다. 중국 원나라의 문인 장가구(張可久)와 왕엽(王曄)이 쓴 작품에 나타나는 고사에서 유래했다.[15]

산업현장에서 발생하는 사고는 유사한 형태의 반복이다. 사고가 반복되는 원인은 사고 조사 결과에서 찾을 수 있다. 사고 조사의 목적은 재발 방지다. 현실은 책임소재 규명을 통한 처벌임을 알고 있다.

숨기려는 자와 밝히려는 자의 공방이 벌어진다. 배가 산으로 가고 있다. 방어를 위해 누군가에게 지불되는 비용과 중대산업재해 예방과 어떤 관련성이 있는지 궁금하다.

산업현장에서 발생하는 중대재해는 모두에게 아픔이고, 슬픔이다. 중처법의 적용을 받는 기업의 경영책임자도 본질은 다르지 않다. 반복되는 중대재해는 고용자와 근로자간의 신뢰성을 훼손한다. 회사가 더 이상 생산활동을 할 수 없는 경우도 발생한다.

최근 세계 경제는 국가 이기주의와 자국 우선주의의 확산이라는 뚜렷한 흐름을 보이고 있다. 세계경제에서 차지하는 대한민국 제조업의 위상이 흔들려서는 안 된다. 중대산업재해 예방을 위해 모두가 중지(衆智)를 모아야 한다.

예방활동의 관리요소는 설비의 유지관리와 근로자의 교육이다. 병행해

---

15 출처: 나무위키

관리되어야 한다. 여기서 교육은 생산설비에 대한 교육과 법정 안전교육을 말한다. 예방활동의 효과를 보기 위해서는 3가지 항목의 균형을 맞추어 관리해야 한다.

생산활동을 하는 근로자가 생산설비를 이해하지 못한다는 것은 기계적인 위험에 노출된 상태로 생산활동을 하고 있다는 것과 다르지 않다.
생산설비의 유지관리가 안 되어 발생하는 고장은 생산활동뿐만 아니라 주변 근로자의 안전에 영향을 미칠 수 있는 요인으로 작용할 수 있다.

생산설비가 고장으로 이어져 가동이 중지되고, 재해로 확대되는 과정의 타임라인을 들여다보면 고장 전 사전징후가 나타난다.
유지관리가 누락되었다면 사전징후를 감지하고 생산설비의 고장이 빅트러블로 확산되지 않도록 선조치를 해야 한다. 여기까지가 예방활동의 마지막 단계다. 뚫리면 모두에게 고통이 따른다.

사고가 재해로 확산되면 신속한 대응이 최우선이다. 평소 비상 상황에 대비한 훈련이 되어 있어야 한다. 몸에 배어 있지 않으면 신속한 대응이 어렵다. 조치 중에 또 다른 안전사고가 일어날 수 있다.

다음은 사고 조사다. 처벌을 위한 책임 관계의 규명이 우선시 되어서는 안 된다. 유사한 형태의 사고가 반복되는 것을 차단하기 위한 근본 원인을 찾아내려는 노력이 요구되는 단계다.
근본 원인이 그레이존에 위치하면 외부인력은 사고의 근본 원인 규명에 한계성을 드러낸다. 기업 내부도 까마귀의 존재를 알지 못하면 어렵다.

배밭의 배를 떨어트린 것은 까마귀다. 행위자 본인은 까마귀임을 부인한다. 기업 내부에서도 사고 발생에 대한 근본 원인을 밝혀내는 데 어려움이 따른다.

오퍼레이터 NCC[16] 근무 시절 필자의 경험이다. 정상 운전 중에 저압의 메탄 압축기가 가동 정지되었다. 해당 압축기의 정지가 전 공정 셧다운으로 이어지는 케이스는 아니다.

현장 운전원이 투입되어 저압 메탄압축기로 공급되는 유로를 앞 공정으로 변경했다. 변경 과정에서 NCC 공장의 핵심설비인 압축기의 동력원인 스팀터빈의 응축수를 회수하는 예비 펌프가 자동으로 가동되었다.

메탄압축기가 정지되고, 유로를 변경하는 과정에서 과거 경험하지 못한 상황이 일어났다. 응축수를 회수하는 예비 펌프가 자동으로 가동되었다. 원인을 밝혀야 했다.

확인 결과 메탄압축기가 정지된 후 입구로 들어오는 메탄의 유로를 변경하기 위해 격리밸브를 오픈하는 과정에서 현장 운전원의 빠른 액션이 원인이었다.

메인압축기의 압축용량을 고려했을 때 추가로 들어오는 양은 미미하지

---

[16] Naphtha Cracking Center의 약자로, 원유를 정제해서 얻어지는 나프타(Naphtha)를 섭씨 800도 이상의 고온에서 열분해 에틸렌, 프로필렌 등 다양한 기초유분을 만들어 내는 공정.

만 순간적인 유입량 증가가 압축기의 회전수 증가로 이어졌다.

  이 과정에서 메인압축기 동력원인 스팀량이 증가하고, 발생하는 응축수량이 증가하면서 순간적으로 운전 중인 기존 펌프가 응축수를 처리하지 못해 스탠바이 펌프가 추가로 가동되었다.

  관련 변수들의 트렌드상으로는 판단이 쉽지 않았다. 까마귀를 가정해놓고 추적했다. 인과관계가 성립됐다. 이때 까마귀는 현장에서 메탄압축기 유로변경 액션을 취한 운전원이다.

  석유화학 공장에서 일어나는 공정사고 중 까마귀에 의한 사례는 많다. 중앙제어실에 근무하는 보드맨의 업무 중 당일 현장에서 진행하는 작업의 위치를 파악하고 있어야 한다.

  협력사 작업자 분들의 경우 보수작업을 진행하면서 석유화학 공장의 운전 특성을 모르고 철골 등 구조물에 와일드한 충격 등을 유발하는 경우가 간혹 있다.

  충격이 충격으로 끝나지 않고 현장의 중요계기에 영향을 미쳐 부분적인 공정트러블로 이어진다. 본인들은 상황을 이해하지 못한다.

  외부 기관의 사고 조사는 그레이존에 대한 회사관계자의 협조가 없으면 석유화학공장과 같이 공정의 복합적인 요인이 결합되어 발생한 중대산업재해의 경우 사실에 접근하기가 쉽지 않다.

  실패도 관점을 바꾸면 중대재해 예방을 위한 자산으로 활용할 수 있다.

일어난 결과를 놓고 법의 책임 관계 판단용으로만 사용하지 말고, 사고를 예방할 수 있는 자산으로 사용할 수 있도록 하면 좋겠다.

회사관계자의 업무협조를 통해 인과관계가 명확해졌다면 양형판단에 고려하는 것도 방법이다.

16
「로벤스 보고서」

「로벤스 보고서」는 1970년 영국에서 로벤스 경(Lord Robens)을 위원장으로 정당 및 산업·노동 등 각 분야 대표 6명이 참여한 로벤스 위원회(정식 명칭은 'The Committee on Safety and Health at Work', 즉 '일터안전보건위원회')가 2년간 조사 연구한 끝에 내놓은, 일터안전보건에 대한 분석, 진단, 개선 방향을 담은 보고서다.

당시 영국은 산재사고로 매년 1000여 명이 사망하는 안전하지 않은 일터를 가진 대표적인 서유럽 국가였다.[17]

「로벤스 보고서」는 산업안전보건 문제 해결을 위한 기념비적인 문서로 평가받으며, 현대 「산업안전보건법」의 주요 특징인 자율규제, 목표 설정식규제, 노사 책임 공유, 독립된 행정기구 설립 등을 제시했다.

보고서는 기업 스스로 위험을 관리하고 개선하는 시스템 접근 방식과 함께, 정부는 유연하고 포괄적인 목표와 원칙을 제시하는 역할을 강조했다.

---

[17] 2022년 정책보고서, 산업안전보건 관련 법제 및 행정조직 선진화를 위한 「로벤스 보고서」.

필자는 「로벤스 보고서」를 정독하지는 않았다. 필자가 생각하는 아이디어에 대한 방향과의 일치성, 궁금한 것에 대한 확인이 필요할 때 들여다본다.

안전을 업으로 인생 2막을 시작하면서 안전의 학문적 가치에 대한 궁금증이 있었다. 보고서를 통해 알았다. '산업안전보건 연구조치에 대한 비판' 내용이 언급되어 있었다.

> 우리는 이 분야의 연구가 부적절하게 조율되고 있다는 말을 반복해서 들었다. 이 문제에는 두 가지 광범위한 측면이 있다. 첫째, '개념적 파편화'의 문제가 있는데, 그것은 산업안전보건이 그 자체로 명확하게 정의되고 확립된 연구 분야가 아니라는 것이다.
> 관련 연구의 많은 부분이 물리학, 의학, 심리학 등과 같은 확립된 학문 분야의 고도로 전문화된 방식에 따라 이루어진다. 문제의 개별 구성 요소는 적절하게 연구할 수 있지만, 다양한 가닥은 다학제적 접근 안에서 보다 긴밀하게 통합할 필요가 있다.

안전의 학문적 가치를 '개념적 파편화'로 표현했다. 안전관리의 연구에 대한 방향성도 다학제적 접근론을 제시하고 있다.

다학제적 접근(multidisciplinary approach)은 여러 학문 분야의 전문가들이 협력해 복잡한 문제를 해결하는 방식을 의미하다
법적책임을 배경으로 전파시키는 중대산업재해 예방 활동이 현장의 수용성을 높이고, 실효적인 효과를 거두기는 쉽지 않다. 국민 세금이 사용되고 있다. 안전 관련 각종 지원정책도 필요성을 인정하는 곳에 사용될 때

효과가 있다.

칼을 뽑았다 다시 넣기도 민망하다. 중대산업재해는 줄어들 기미가 보이지 않는다. 원인은 혼자 하려고 하니까 그렇다. 흩어진 파편 조각을 하나로 모아야 전체의 윤곽을 볼 수 있다.

실행의 유연성을 고민해 보자. 고시를 활용할 수 있는 아이디어를 찾아보자. '어떻게?'에 대한 힌트는 「로벤스 보고서」에 나와 있다. 하나 더, 현장의 문제는 현장에서 찾자. 지극히 단순한 원리다.

17
관리감독자

「산업안전보건법」 제17조에 기록된 안전관리자의 임무는 사업장의 안전에 관한 기술적인 사항에 대해 사업주 또는 안전보건관리책임자를 보좌하고, 관리감독자에게 지도 및 조언하는 업무를 수행하는 사람을 말한다.

「산업안전보건법」 시행령에 따라 안전관리자가 되기 위해서는 다음 중 하나 이상의 자격을 갖추어야 한다.
관련자격증 취득자(산업안전지도사, 산업안전산업기사, 건설안전산업기사 등), 안전 관련 업무 10년 이상 경력자 등 선임조건의 장벽이 높은 편은 아니다.

'산안법'에서 정의하는 안전관리자에 해당하는 사항은 대기업에서 안전담당 임원 정도의 위치에 있는 경우에 해당되는 내용이다.
안전관리자 선임조건을 보면 신입사원도 산업안전산업기사에 합격하면 안전관리자로 임명할 수 있다.

산안법에서 이야기하는 안전관리자의 업무와 안전관리자의 법적자격 기준과는 거리가 멀다. 일부 기업에서는 여전히 안전관리자를 단순히 법적 요건을 충족시키기 위한 존재로 인식하고 있다.

대기업, 중소기업 차이가 없다. 현장 근로자의 안전사고와 가장 밀접한 관계가 있는 계층은 관리감독자다. 중대산업재해 예방을 위해 그들의 역할이 매우 중요하다.

「산업안전보건법」상 관리감독자는 해당 작업과 관련된 기계·기구·설비의 안전보건 점검, 근로자의 작업복 및 보호구 착용 점검과 지도, 작업 중 발생한 산업재해 시 보고 및 응급조치, 작업장 정리정돈 및 통로확보 확인·감독, 위험성평가 참여 및 개선조치 시행, 그 외 고용노동부령으로 정하는 안전보건에 관한 사항 등의 의무를 가진다. 매년 16시간 이상의 교육도 이수해야 한다.
현장 안전사고 예방을 위해 필요한 사항은 그들에게 집중되어 있다.

중대산업재해의 발생 건수가 50인 미만 중소기업에서 제일 높다. 2023년 전체사망자 수 598명 중 354명으로 59.2%, 2024년 전체사망자 수 589명 중 339명으로 57.5%를 차지한다.

전문인력 부족, 안전체계 미흡, 대표자의 관심 부족, 작업환경 열악, 고위험 업종, 고령화, 외국인 노동자 비율 증가 등을 들 수 있다. 여러 가지 원인이 복합적인 작용으로 나타나는 결과다.

이러한 현장의 복잡한 상황을 산업안전산업기사 자격증 취득 후 입사한 경험이 부족한 신입이 감당할 수 있을까. 안전관리 위탁업체가 매월 2회 방문을 한다고 근본적인 해결방안이 될 수 있을까.

정부에서 추진하는 안전보건체계를 무료로 구축 해 준다고 해도 그 효과가 중대산업재해 예방으로 이어질까. 의문의 연속이다.

중대산업재해 예방 효과를 기대한다면 본질에 충실한 접근 전략이 필요하다. 법이 요구하는 50인 미만 중소기업의 안전보건담당자 유무에 너무 집착하지 않으면 좋겠다.

그들에게는 동료들의 안전사고 예방을 위해 직간접적으로 기여할 수 있는 '관리감독자(조장, 반장, 파트장 등)'가 있다. 산안법에도 관리감독자의 역할이 나와 있다.

그들을 움직이게 할 수 있는 방안이 무엇인지 고민해 보면 좋겠다. 대표이사가 원한다면 위탁을 통해 지급되는 비용을 그들에게 안전관리자 수당으로 지급한다면 법적의무를 수행하는 것으로 인정해 주는 것도 방법이다.

생산, 품질, 안전은 같이 움직여야 한다. 생산을 모르고 품질 개념이 없는 상태에서 안전관리 활동의 효과를 기대한다는 것은 난센스다. 세 가지 모두를 수행할 수 있는 사람이 관리감독자다.

50인 이하 중소기업의 경우 안전관리자가 필요한 것이 아니라 관리감독자를 현실적인 안전관리자로 인정해 주는 조치가 필요하다.

18
지게차

산업현장에서 지게차가 널리 사용되는 이유는 단순히 '무거운 걸 드는 기계'라는 수준을 넘어, 가격 대비 작업의 효율성과 인력 대체효과, 중량물 작업에 의한 근골격질환예방, 조작의 용이성 등 다양한 효과를 볼 수 있기 때문이다.

내용을 구체적으로 살펴보면 사람의 힘으로는 불가능한 수백에서 수천 킬로그램의 자재를 손쉽게 이동하고, 팔레트 단위로 대량 운반이 가능해 작업 속도 향상 및 인력절감 효과가 크다.

국내 지게차 보급대수는 지속적으로 증가하고 있다. 2025년 기준 30만대 이상으로 추정되고 있다.

산업현장에서 지게차는 필수 장비지만, 그만큼 사망사고 발생률도 매우 높은 안전사고의 기인물로 분류된다. 실제로 최근 수년간 지게차로 인한 사망사고가 꾸준히 발생하고 있다. 제조업 사망사고 기인물 1위가 지게차다.

지게차에 의한 주요 사망사고의 유형을 보면 후진 시 충돌, 마스트와 백레스트 사이의 끼임, 지게차 전도에 의한 깔림, 적재물 낙하에 의한 작업자 깔림 등을 들 수 있다.

그 원인은 운행 중 시야 확보 실패, 충돌, 과속, 안전장치 훼손, 과다 적재, 바닥 불균형, 용도 외 사용 등을 들 수 있다. 기계의 활용성만큼 사고유형도 다양하다.

기계가 제공하는 효율성과 편리성만큼이나 정상 상태의 작업 중 안전사고 예방을 위해 관리하고 준수해야 하는 항목이 많다.

필자가 상생 협력 매칭컨설팅을 위해 대기업의 제품 출하를 담당하는 협력사를 지도한 적이 있다. 컨테이너 핸들러부터 다양한 종류의 지게차들이 쉼 없이 정해진 구역을 오가고 있었다.

감시자 한 명을 배치해 현장의 외부인 출입을 통제했다. 그 중에서도 눈에 띄는 것은 전체 지게차의 상태가 완전히 새것이었다. 렌트를 이용해 사용하기 때문에 일정기간 운행하면 무조건 새것으로 교체한다고 했다.

안전장치가 훼손될 일이 없다. 지게차의 작업공간이 정해져 있어 감시자도 전체 공간을 묶어 한 명만 배치하면 된다. 동일한 공간에서 동일한 작업을 실시하므로 작업계획서에 대한 업무 부담도 없다.

제품의 상차 작업에 사용되므로 용도 외에 지게차를 사용할 일도 없다. 운전을 하는 사람이 정해져 있어 임의 작업자 운전에 따른 리스크도 없다.

지게차 작업을 전문으로 실시하는 작업자로 구성되어 자격증은 다 가지고 있다. 지게차 관련 「산업안전보건법」을 위반할 여지가 매우 낮다. 지게차 관련 사고 발생 시 확인하는 내용들에 대한 사전대비가 가능한 기업은 많지 않다. 현실적으로 일부 기업에서나 준수가 가능한 내용들이다.

중소기업 방문 시 눈에 보이는 지게차들의 상태나 운전상황을 보면, 후진경보등 정도 작동하면 양호한 편에 속한다. 안전벨트는 없어진 지 오래다. 있어도 안전벨트 착용하고 운전하는 작업자는 보지 못했다.

운전 중지 후 키는 대부분 제거되지 않는다. 누구나 마음먹으면 운전할 수 있는 상태다.

안전관리자도 없는 공장에서 지게차 운행 중 감시자를 배치 한다는 것은 그들에게는 전혀 있을 수 없는 일이다. 법은 명문화되어 있고, 현실은 따를 수가 없고, 지게차를 사용하지 않으면 생산활동은 불가능한 상황이 계속 이어진다. 사고를 운에 맡길 수밖에 없는 말 못 할 고민이 산업현장에 축적되어 있다.

30년 만에 전면 개정된 「산업안전보건법」이 국회 통과 후 2020년 1월16일부터 시행되고 있다. 결과 중심의 규제에서 벗어나지 못한 부분에 대해서는 지속적인 개정 작업이 필요하다.

기업의 안전사고 예방을 유도할 수 있는 규제, 일괄적인 적용 규정에 대한 현장과의 불일치성을 해소할 수 있는 예외규정, 점검자마다 달리 해석될 수 있는 추상적인 표현, 관리 역량이 부족한 소규모 중소기업에 대한 일괄적용에 따른 과도한 부담 등을 해소하기 위한 산업현장과의 적극적인 소통이 필요하다.

「산업안전보건법」의 가장 큰 목적은 산업현장의 예방을 통해 일하는 사람의 생명과 건강을 지키는 것이다. 현장의 소리에 귀를 기울이려는 노력이 필요하다.

「산업안전보건법」이 결과 중심의 규제에만 초점을 맞출 경우, 기업도 사고만 나지 않으면 된다는 소극적 태도로 대응한다. 안전사고 예방을 위해 규제는 많은 것보다 적은 것이 좋다. 관리도 용이하고 준수하기도 수월하다.

본질을 호도할 수 있는 기업의 문서작업 좀 줄여 주자. 산업재해 예방보다 법적 책임을 피하기 위한 효과가 크다.

지게차 사고를 예방하기 위해 지정자(자격보유자) 외 운전금지, 필수안전장치 정상 유지. 작업규정(기업자율 작성) 준수. 더 이상 필요한 것이 있는지 의문이다.

19
조율과 검토

　정부의 역할 중 '조율'의 의미는 다양한 이해관계자들 사이의 갈등이나 충돌을 중립적이고 균형 있게 조정해 사회 전체의 이익을 극대화하는 기능을 말한다.
　이는 단순한 중재를 넘어, 정책 결정과 집행 과정에서 공공성과 형평성을 확보하는 핵심 역할이다.

　'조율' 하면 이해관계 조정, 정책 간 연계와 통합, 사회적 갈등 완화, 공공 자원의 효율적 배분 등이 떠오른다.

　중대산업재해 예방을 위한 제도 운영이 '조율'과 어떤 상관이 있나 의문이 들 수 있다. 대기업, 중견기업, 중소기업들이 경영하는 다양한 업종, 다양한 규모의 건설현장, 수많은 협력사, 그 안에서 쏟아져 나오는 현장의 소리들.

　이 모든 것이 중대산업재해 예방을 위한 제도 운영과 관련되어 있다. 정부 부처 관계자들의 '조율'의 테크닉이 필요하다.

법과 규정을 들이대며 기업에 경각심을 유도하는 방식은 반짝하는 효과는 있을 수 있으나 지속성이 없다. 경제확장 시절에 통용되었던 방식이다.

이제는 기업의 자율적인 안전관리 역량을 강화하고, 안전에 대한 책임의식을 내재화하는 방향으로 전환할 수 있도록 도움을 주어야 한다.

몇 년째 만인율이 0.4 전후에서 고착화되어 가고 있는 상황이다. 건설경기가 예전 같지 않은 현실을 감안하면 고착이 아니라 역행하고 있다고 보아도 이상하지 않다.

「중대재해처벌법」 시행 이후 발표한 2026년까지 OECD 평균 이하인 만인율 0.29의 목표는 슬그머니 사라졌다.

이재명 정부가 들어서면서 기존의 목표치인 0.29를 2030년으로 연장했다. 목표 달성을 위해 고강도 안전 대책을 발표했다. 대통령의 대선 공약이었던 작업 중지권 확대와 산업안전보건 공시제 도입 등이 포함되었다.

대기업 대비 안전사고 발생률이 높은 중소기업에서 '작업 중지권' 확대가 실효적인 효과를 기대하기가 쉽지 않아 보인다. 인력난이 심각하다고 하지만 '작업 중지권'을 쉽게 수용하는 관리감독자나 경영책임자가 얼마나 있을까.

작업 중지에 의한 기회손실 비용이 낮은 기업의 경우 수용이 어렵지 않겠지만 기회손실 비용이 큰 연속공정의 경우 쉽지 않을 것이다.
외국인, 고령자 모두 경제적인 여유가 녹록지 않아 목소리를 낼 수 있을 것인가에 대한 부분도 제도를 확대하기 전 현장의 수용성과 실효성에 대한 방안이 검토되어야 한다.

대기업·중견기업의 산재 발생 현황과 안전투자 내역 공개, 소비자·주주·협력사에게 안전관리 수준을 투명하게 제공하는 산업안전보건 공시제 도입의 경우는 기업경영 투명성과 책임경영 목적으로 시행한 '사외이사제도'와 유사한 유형의 제도다. 효과가 나오기까지는 시간이 필요해 보인다.

AI 카메라, 접근경보 시스템, 추락보호복 등 스마트 장비보급, 건설현장 CCTV 설치 제도화 등 스마트 안전기술 도입의 경우 안전사고 예방효과에 대한 검증은 시간이 필요해 보인다.

2025년 8월 드론을 이용해 업무를 수행하던 공공기관 직원이 추락하는 드론에 맞아 사망하는 사고가 발생했다.

단적인 사례 같지만 드론을 이용한 점검활동의 경우 인적사고뿐만 아니라 위험물을 취급하는 공정지역의 경우 추락 시 시설물과 접촉해 공정사고를 유발할 수도 있다.

안전사고 예방을 위해 기술을 접목하거나 제도를 변경, 보완하는 경우 마케팅 관점의 접근은 또 다른 형태의 안전사고를 불러올 수 있다. 이에 대한 심도 있는 검토와 시뮬레이션 과정이 필요하다.

중소기업의 안전 관련 지원사업도 수혜자의 정확한 니즈파악 및 현장 상황을 종합해 필요한 곳에, 필요한 품목을, 적기에 공급할 수 있는 디테일한 운영 및 관리가 필요하다.

효과 검증을 위한 통계관리와 관련장비의 현장 유지관리 상태에 대한 모니터링도 필요하다. 해당 기업에 안전은 공짜라는 인식이 들게 해서는 안 된다. 지원된 장비들이 효율적으로 사용되어 목적 달성에 기여할 수 있어야 한다.

'안전일터 패키지'로 진단·시설개선·컨설팅 종합 지원, 50인 미만 제조업에 안전 리모델링 비용 지원 등 중소기업지원 정책도 접근 방법은 다르지 않다. 모두가 국민 세금이다.

지난달 세종 종합청사 대강당을 찾았다. 안전한 일터 프로젝트에 대한 설명회였다. 담당자의 내용 중 의미심장한 말을 들었다. 지금까지의 노동정책이 현 정부에 믿음을 주지 못하고 있다는 자성의 소리였다. 작은 변화가 감지되었다.

공직사회에 변화를 기대한다는 것이 말처럼 쉬운 일은 아니다. 조직 내 강하게 작용하고 있는 보신주의(保身主義)의 영향이다.

중대산업재해 예방을 위해 정부주도로 시행하는 각종 제도가 소기의 성과를 내기 위해서는 담당인력의 업무적인 연속성도 필요한 부분이다.

하나 더 보태면, 현장 상황에 유연성을 가지고 대처할 것을 추천한다. 아직까지 정부 부처 관계자들의 기업 지도점검에 응하는 담당자들의 시선은 과거에 머물러 있다.

중대산업재해를 예방하기 위한 기존의 정부역할에 대한 변화를 모색해야 하는 중요한 시점이다. 중소기업은 이미 외국인으로 채워졌고, 남아 있는 내국인의 경우 고령화가 진행되고 있다.

단순한 문제가 아니다. 현재와 같은 중소기업의 인적구성은 대한민국 산업현장의 안전사고 예방활동의 효과를 억누르는 요인으로 작용할 것은 명확한 사실이다.

중대산업재해 예방을 위한 각종 제도 시행 및 운영, 이해 당사자 간 정부의 조율과 검토가 필요하다.

PART II.
기관

기술 발달은 인간을 위험하고 반복적인 작업에서 해방시키고, 안전관리의 새로운 영역을 창출하는 방향으로 작용할 것이다.

1
기관의 역할

 산업현장의 안전보건 업무에는 여러 기관이 참여하며, 각 기관은 법적 권한과 전문 분야에 따라 고유한 역할을 수행한다. 정부 부처부터 공공기관, 민간전문기관에 이르기까지 관련법에 근거해 안전업무를 수행한다.

 한국산업안전보건공단과 한국가스안전공사는 각각 산업안전보건과 가스 안전이라는 분야에 초점을 맞춰 교육을 진행한다. 산업현장에는 이 두 가지 영역이 공존한다. 복합적인 형태의 사고가 발생한다.

 공단은 주로 작업 환경, 기계·설비 등 일반적인 산업재해에 초점을 맞추고, 공사는 가스 시설 자체의 안전성 관리에 집중한다. 이로 인해 가스시설 주변의 전기적 스파크나 작업자의 부주의 등 복합적 요인으로 발생하는 사고에 대한 교육의 사각지대가 나타난다.

 가스가 사용되는 화학공장 등 사업장을 대상으로, 가스누출 및 폭발 위험성과 함께 작업자의 행동요인, 주변설비의 안전상태 등을 통합적으로 고려하는 교육 프로그램을 공동으로 개발해 운영해야 한다.

산업 현장에서 발생하는 끼임, 협착, 추락 등의 경우 인과관계 규명이 어렵지 않지만 석유화학공장 등 복합적인 요인에 기인한 사고의 경우 인과관계를 밝혀내는 데 어려움이 있다.

공정안전관리(PSM)는 고용노동부의 관할이다. 관련 설비의 대부분은 고압가스 관련 설비가 많다. 공단이 제공하는 PSM 교육의 경우 관련법이나 개괄적인 부분으로 가스시설에 대한 깊이 있는 기술적 내용은 가스안전공사의 전문 분야에 비해 상대적으로 부족하다.

현장에서 안전을 총괄하는 안전관리자는 「산업안전보건법」에 따른 교육을 이수하지만, 가스 관련 기술적 내용은 접할 수 없다. 반면 가스시설 안전관리자는 가스안전에 대한 지식은 갖출 수 있지만, 「산업안전보건법」과의 연계성 등에 대해서는 추가적인 교육이 필요할 수 있다.

각 기관은 사고 발생 시 자체적으로 원인을 조사하고, 재발 방지 대책을 수립한다. 이 과정에서 다른 기관의 관점과 전문성을 충분히 반영하지 못할 수 있다.

「중대재해처벌법」 시행 초기 석유화학회사에서 열교환기 고압수세척 작업 후 압력테스트 과정에서 폭발사고가 일어났다. 우연한 기회에 산업안전 전문가와 관련 내용을 이야기할 기회가 생겼다.

열교환기 압력 테스트를 위해 승압을 하는 과정에서 그 옆에 입회하고 있던 상황이 잘못되었다는 지적을 했다. 전체적인 테스트 과정을 경험하지 못한 전문가의 결과론적 의견이었다.

의견에 대한 반론은 하지 않았다. 안전관리전문기관을 개업하고 제2의 인생을 시작하고 시간이 지날수록 '전문가'라는 호칭에 대한 사회적 인식에 오류가 있을 수 있겠다는 생각이 많이 들었다.

필자가 생각하는 안전 전문가는 생산설비를 설계하고 현장을 경험한 각 분야의 엔지니어다. 생산설비의 인적, 기계적 안전장치는 최초 설계 단계에서 반영된다.

현장에서 축적된 유지관리 데이터를 근거해 생산, 품질, 안전 관련 사항을 업데이트를 통해 다양한 리스크가 현장에서 발생하지 않도록 하는 것이 설계 단계의 엔지니어의 역할이다.

정상 과정에서 진행되는 안전 활동은 전문가의 영역이 아니다. 일상의 영역이다. 필자도 안전 전문가는 아니다. 전반적인 안전에 대한 지도와 조언을 하는 어드바이저다.

안전한 산업현장 구현을 위해 현장에서 필요한 전문가의 역할을 수행해야 하는 엔지니어들은 '산업안전'에는 별로 관심이 없다. 팩트다.

기술의 발달, 스마트 공장, 로봇의 역할 확대, AI의 확장성이 미래 산업현장 안전관리에 미칠 영향력을 고려할 때 인간이 관여할 수 있는 현재의 물리적인 개입 형태는 계속 축소될 것이다. 그렇다고 안전관리 분야에서 인간의 역할이 완전히 사라질 수는 없다. 질적으로 더욱 중요하고 고도화될 것이라 예측이 우세하다.

기술 발달은 인간을 위험하고 반복적인 작업에서 해방시키고, 안전관리의 새로운 영역을 창출하는 방향으로 작용할 것이다.

미래 사회의 급변하는 기술과 환경에 대응하기 위해서는 안전교육의 패러다임이 달라져야 한다. 단순히 현재의 위험 요인을 다루는 단편적인 내용에서 교육의 가치를 부여할 수 없는 세상이다.

변화에 유연하게 대처할 수 있는 미래 지향적 역량을 키울 수 있도록 안전교육의 틀이 만들어져야 한다. 현재 공단과 공사에서 개별 시행하고 있는 안전교육에 대한 통합과정이 필요하다.

한국산업안전보건공단은 국가가 위임한 산업재해 예방업무를 총괄·수행하는 공공기관이며, 민간재해 예방 전문기관은 고용노동부 장관의 지정을 받아 산업안전보건 관련 기술지도, 진단 등 현장실무를 수행하는 민간기관이다.

안전관리전문기관, 보건관리전문기관, 건설재해 예방 전문지도기관 등이 있으며, 규모가 작아 안전관리자 등을 자체적으로 두기 어려운 사업장을 대상으로 산업안전보건공단이 제공하는 서비스의 보완재 역할[18]을 수행한다.

---

[18] 협업을 통해 서로의 역할을 보완하고 강화하는 관계.

민간 기관의 방향성이 이상하게 흐르고 있다. 필자와 같이 산업현장의 오랜 경험을 바탕으로 안전관리전문기관에 합류한 경우에도 법에서 정해진 업무는 맡을 수가 없다.

기존에 거인이 되어 버린 사단법인과의 비즈니스 다툼에서 상대가 될 수 없다. 대행업무의 질(質)보다는 비용을 우선시하는 기업의 관점은 개인이 운영하는 안전관리전문기관의 참여 기회를 외면하고 있다.

공단의 기관평가는 위탁대행 실적이 없어 D 등급이다. 비즈니스 감각이 앞서는 기관 대표들은 자격을 갖춘 사람을 모아 몸집을 불려 정부사업에 참여 한다. 개인 사업자의 경우 공단사업에 참여할 수 있는 기회는 제한적이다.

평가의 목적이 의도하지 않게 평가대상을 제어하기 위한 수단으로 작용되고 있다. 평가를 통한 퇴출이 아니라 그들의 개별적인 장점을 적극적으로 수용해 활용할 수 있는 방안을 찾아내려는 노력이 필요하다.

소규모 산업 현장에서 발생하는 중대산업재해의 가장 가까운 지점에 포진되어 있는 것이 안전관리 전문기관이다. 관리적인 역량과 스킬의 편차가 있을 수 있겠지만 기본적인 안전관리의 업무 능력은 보유하고 있다.

이들의 역할 축소는 결국 정부의 안전관리 목표 달성을 지연시킬 수밖에 없다. 그들의 개별적인 역량을 활용해 최일선 현장의 안전관리 업무수행에 기여할 수 있도록 해야 한다.

2025년 7월 안전관리전문기관을 시작하고 2년 만에 처음으로 개인기업 자격으로 정부사업에 참여했다. 상생 협력 매칭 컨설팅 사업이었다. 비딩 참여 시 족쇄처럼 따라다니는 2인 1조가 완화되었다. 모기업 산하 사내 협력사 7개사 컨설팅을 진행했다.

두 달 만에 완료했다. 컨설팅 결과에 대한 협력사와 모기업의 만족도는 주관적인 판단이지만 나쁘지 않았다. 현장상황을 보고 부족한 부분에 대한 맞춤식으로 진행했다.
다른 사업에서 요구하는 2인 방문의 원칙이 유지되었다면 이번 사업도 참여를 포기했을 것이다. 개인사업자를 고집하는 이유는 한 가지다.

직원을 고용하면 대표는 비즈니스에 시간을 할애할 수밖에 없다. 회사를 유지하기 위해서는 경영이 먼저다. 고객이 요구하는 컨설팅의 질을 고용한 직원을 통해 충족시켜 드릴 수가 없다.
대표가 가지고 있는 35년의 경험적 지식을 고용한 직원에게 전수하는 것은 물리적으로 어렵다.

중대산업재해가 발생하는 장소를 보면 다양하다. 관리감독의 영향이 미치지 않은 소규모 영세 사업장의 경우 일상에서 우연한 기회에 위험을 마주하는 경우도 많다.

주의하시라고 말씀을 드리고 싶은데 말이 안 나온다. 아직까지 안전에 대한 대중의 성숙도가 올라오지 않았다. 그들에게 전달되는 제3자의 말에 대한 대답은 '니가 뭔데?'로 나타날 수 있는 확률이 높다.

말을 하지 않은 상태에서 거리를 두고 위험한 상황을 바라보고 있으면 어느 순간 작업자분들과 눈이 마주친다. 필자가 누구인지 모르지만 조금은 조심하려는 행동이 눈에 띄기도 한다. 경험이다.

이재명 정부 노동안전종합대책에 지방노동관서, 지방자치단체, 민간 협업체계 구축(협의 정례화), 영세사업장 관리 강화대책이 들어 있다. 소규모 안전관리전문기관들의 적극적인 참여를 통한 기회가 만들어지기를 기대한다.

2
안전은 공짜

2022년 「중대재해처벌법」 시행과 함께 전국의 중소규모 사업장을 대상으로 안전보건체계구축 컨설팅 사업이 진행되었다. 필자도 2024년 1월 예약된 가족여행을 포기하고 기업체를 배분받기 위해 자료를 만들어 안전보건공단 지역관할 광역본부 발표에 참여했다.

정부가 시행하는 사업에 참여할 수 있다는 기대감이 컸다. 경험을 통해 축적된 노하우를 어떤 방식을 통해 지도를 하는 것이 효과가 있을까. 다가올 실전을 떠올리며 관련서류를 챙기고 발표 자료를 만들었다.

1인 기업은 참여에 제한이 있어 직원도 고용했다. 결과는 빈손이었다. 35년 월급쟁이 생활을 마감하고 발을 들여놓은 세상을 조금이나마 알 수 있었던 경험이었다.

전국에서 안전보건체계구축을 수행하는 지인들을 통해 다양한 현장의 소리가 들렸다. 배정받은 업체 수를 계약된 일정 안에 컨설팅을 수행하고 기업의 확인을 받아야 했다.

기업 입장에서 100% 공짜로 컨설팅을 통해 안전보건체계를 구축할 수 있다. 안전보건체계 구축사업을 배분받은 컨설팅기관 입장에서는 가뭄 속의 단비였다.

실적을 만들어야 돈을 받을 수 있는 컨설팅기관과 안전보건체계구축에 대한 필요성을 느끼지 못하는 회사 담당자들과의 '밀당'이 오간다. '우리는 필요 없어요. 방문하지 마세요.', '무료로 컨설팅 해드리는데 받아 보시지요.'

「중대재해처벌법」 시행 이후 정부가 중소기업을 대상으로 추진하고 있는 체계구축 컨설팅 사업은 분명히 필요한 지원이지만, 현장의 반응은 계획과 다르다는 이야기를 많이 들었다.

실적을 고려한 양적관리의 여파다. 수용 여력이 없는 기업들을 대상으로 컨설팅이 완료되었다고 해도 유지관리를 할 수 있는 여건이 마련되지 않았다.

중소기업중앙회 조사에 따르면, 컨설팅을 받은 50인 미만 사업장 중 60%가 여전히 법적 기준을 충족하지 못하는 것으로 나타났다. 실제로 체계 구축 및 이행까지는 6개월 이상 걸린다는 응답이 절반 이상이었고, 즉시 이행 가능하다는 응답은 1.3%에 불과했다.

「중대재해처벌법」의 시행기준과 산업현장의 안전사고 예방과의 연계성이 모호한 상태에서 업종과 상관없이 모든 기업에 획일적인 내용이 전달되었다.

컨설팅이라고 표현하기에는 질적(質的) 측면이 부족하다는 지적을 피할 수 없다. 세상의 이치는 다르지 않다. 양(量)의 증가는 가치를 훼손한다. 공짜라는 인식의 확산은 산업현장의 안전사고 예방을 위해 시행되는 정책효과의 반감으로 나타난다.

2024년 6월경으로 기억된다. 모르는 전화를 받았다.

"그곳에서 안전교육 해 주나요?"

"예! 사업장 방문해서 안전교육 해드립니다. 실례지만 전화주신 곳이 어느 회사죠?"

"가스 취급하는 회사인데 교육은 무료로 해 주시는 거죠?"

"무료요? 누구한테 들으셨어요?"

3
정량화

정량화(Quantification)란 어떤 현상, 사물, 또는 개념의 속성을 수치로 나타내거나 측정하는 과정 및 방법을 의미한다. '얼마나' 또는 '몇 개'와 같이 양적인 면을 객관적인 수치로 표현해 분석하거나 평가하는 것을 말한다.

인간은 본질적으로 불확실한 상황에서 불안을 느끼며, 주변 세상을 예측하고 통제하려는 욕구가 강하다. 성공, 위험 같은 막연한 개념을 숫자로 표현하면, 이를 구체적으로 파악하고 관리할 수 있다는 심리적 안정감을 얻는다.

정량화는 위험을 계산 가능한 수치로 변환해, 복잡한 상황을 단순화하고 합리적인 의사 결정을 내렸다고 믿게 한다. 인간이 정량화에 집착하는 이유다.

연구기관이나 학계에서 많은 안전 관련 정량화 모델과 지표가 발표되지만, 이것이 실제 산업현장의 안전사고 예방에 직접적으로 기여했다는 연결고리를 찾아보기는 어렵다.

많은 안전 관련 연구들이 현장과의 연계성이 떨어지는 주된 이유는 연구와 현장 간의 관점 및 필요성 차이, 실질적인 협력 부족, 연구 결과의 실용성 문제 등 복합적인 요인에 기인한다.

정량화 연구는 통제된 환경이나 이상적인 데이터를 기반으로 모델을 설계하는데 실제 산업현장은 변수가 많고 복잡해 연구모델이 현장의 복잡성을 반영하지 못하는 경우가 많다.

데이터는 기업의 기밀로 취급되거나 체계적으로 축적되지 않은 경우가 많아, 신뢰할 수 있는 대규모 데이터를 확보하기가 사실상 불가능하다.

이러한 상황에서 많은 기업이 논문에서 제시하는 선행 지표(Proactive Indicators)보다는 이미 발생한 사고율 중심의 결과 지표에 집중하는 경향이 있어, 예방 중심의 정량적 연구가 설 자리가 부족하다.

안전관리가 예방 중심(Proactive Safety Management)으로 나아가야 하는 이유는 단순히 사고 발생 후 대응하는 것보다 인명보호, 비용 효율성, 시스템 안정성 측면에서 월등히 유리하기 때문이다.

이뿐만이 아니다. 현재 대한민국의 만인율이 몇 년째 정체 상태에 머물고 있다. 기존의 관리 방식으로는 더 이상 효과가 없다는 반증이다. 적극적인 예방관리가 필요하다. 문제는 '어떻게'다.

여러 가지 실행 방안이 있을 수 있다. 그중 하나의 대안이 될 수 있는 예방 중심의 정량적 연구 활성화 방안에 대해 적용 대상 모집단의 범위를 축소해 접근하는 방법을 제시하고 싶다.

50인 이하 중소규모 기업의 중대산업재해 예방을 위해 지역으로 구분하고, 지역 내 대표 업종 1개당 모두 5개 정도의 회사를 대상으로 연구하면 어떨까?

해당 지역이나 산단에 특화된 중대산업 예방지표로 유용하게 활용할 수 있는 실효적인 정량적 지표 개발이 가능하다. 통합관리를 해야 하는 정부 관리 정책과는 부합되지 않겠지만 중대산업재해 예방을 위해 중요한 것은 전체보다는 부분적인 접근이 유효한 시점이다.

4
나비효과[19]

컨설팅은 특정 분야의 전문 지식과 경험을 바탕으로 의뢰인의 문제 해결을 돕고 해결책을 제시하는 전문 서비스 활동이다. 단순히 조언을 제공하는 것을 넘어, 고객이 당면한 과제를 진단하고, 목표 달성을 위한 전략과 실행계획을 수립하도록 돕는 역할을 한다.

필자가 운영하고 있는 안전관리전문기관은 「산업안전보건법」에 따라 고용노동부 장관의 지정을 받아 산업현장의 안전을 전문적으로 관리하고 지원하는 기관이다.

안전관리 인력확보에 어려움을 겪는 중소규모 사업장을 중심으로 안전관리자 업무를 위탁받아 산업재해를 예방하는 중요한 역할을 수행한다.

재해 예방전문기관의 경우 법적인 접점이 연결되어 있다. 안전관리전문기관은 위탁 대상기업의 선택을 받아야 한다. 기존 대형화된 법인들의 양적 공세에 개인이 운영하는 안전관리전문기관의 설자리가 좁아진다.

---

[19] 혼돈 이론에서 초기 조건의 미세한 차이가 예측할 수 없는 큰 결과를 초래하는 현상을 말하며, 나비의 작은 날갯짓이 토네이도를 일으킬 수 있다는 비유에서 유래했다. 1972년 기상학자 에드워드 로렌츠의 강연에서 대중화되었고, 초기값의 작은 오차가 시간이 지남에 따라 크게 증폭되어 결과를 완전히 바꾸는 것을 의미한다.

경험을 밑천으로 안전컨설팅 분야를 두드려 보지만 아직까지 중소기업에서 안전문제를 해결하기 위해 자발적으로 컨설팅을 의뢰하는 경우는 보지 못했다.

간헐적인 의뢰내용은 법적문제를 해결하기 위함이지 사업장의 안전 확보를 위한 솔루션을 제공받기 위함은 아니다. 선진국도 현실은 다르지 않다.

전문기관의 명패를 가지고 동일한 업무를 반복적으로 수행하는 과정은 전문성을 일상적인 업무로 둔갑시킨다. 간혹 회의감을 토로하는 분들도 만난다.

전문성에 대한 사회적 인식의 저하는 매출 감소로 이어진다. 살아남기 위한 노력이 전문성을 강화하기 위한 방향으로 전개되지 않고 기존 파이를 차지하기 위한 경쟁으로 향하기 때문이다.

지인에게 연락이 왔다. 공공기관 위험성평가 및 근골격 조사관련 낙찰을 받았는데 자격을 갖춘 지도사가 필요해 소개를 시켜 달라고 했다며 필자에게 참여 의사를 물어 왔다.

참여하겠다는 의사를 전달하고 담당자와 이메일을 통해 과업 내용을 확인하고 최종 과업 수행 비용에 대한 의견을 물었다. 생각 이하의 답변이 왔다. 그 금액으로는 도저히 정상적인 과업 수행이 어렵다고 답장을 했다.
세상의 이치는 다르지 않다. 가격의 하락은 질의 하락을 불러온다. 최종 피해자는 정해져 있다. 안전관리전문기관을 시작하면서 가졌던 초심이 시간이 흐를수록 현실에 길들여지고 있다는 생각이 들었다.

필자가 걷고 있는 현재의 시간이 미래의 안전에 대한 가치를 깎아내리고, 안전컨설팅 시장의 혼탁을 유발시켜 고객의 피해로 이어질 것을 분명히 알고 있다.

5
경진대회

 분임조 발표대회는 산업현장의 품질혁신 활동 사례를 공유하고 경쟁하는 대회로, 산업통상부 산하기관인 한국표준협회가 주관한다.

 분임조는 같은 직장 내에서 품질 향상, 생산성 증대, 원가 절감 등을 목표로 조직된 소집단이다. 통상 5~10명 정도 인원이 모여 한 분임조를 이룬다. 1970년대 후반부터 1980년대까지 많은 기업들이 품질분임조를 적극적으로 도입하고, 운영하면서 현장중심의 자주적인 개선 활동이 활발하게 이루어졌다.

 품질분임조 활동은 생산활동 과정에서 발견되는 불합리한 점을 개선하기 위해 현상을 파악하고, 원인을 분석해 대책을 수립하고 실행하는 활동을 전개한다.

 '전국품질분임조경진대회'는 분임조가 지난 1년간 활동한 품질 개선 활동 사례를 발표하는 대회. 주제는 현장개선, 사무 간접, 서비스, 안전품질, 생산 등 다양하다.

시·도별 지역 예선을 통해 본선 진출 팀을 선발하고, 본선인 국가품질혁신경진대회에서 금상, 은상, 동상 분임조를 선정, 시상한다.

2006년 수원시에서 개최되었던 전국품질분임조 경진대회 SIX-SIGMA 부문에 참석했던 기억을 떠올렸다. 회사에서도 분임조가 SIX-SIGMA 테마를 가지고 전국대회에 출전한 것은 처음이었다. 충남 예선을 통과하고 전국대회 입상을 위해 많은 준비를 했다.

회사에서 은상을 수상하면 시그마 부문의 경우 처음 출전하는 것이니까 분임조원 전체 해외여행을 보내 주겠다고 했다. 입상을 장담하며 분임조원들의 참여를 독려했다. 열심히만 하면 될 줄 알았다.

40대 초반, 나름대로 열정을 가지고 살았던 시절이었다. 시그마 부문의 경우 전체 8개 팀으로 기억되는데 필자가 소속된 회사를 포함 3개 팀이 삼성그룹 소속이었다.

발표가 끝나고 내심 은상은 충분할 것으로 판단했다. 결과는 예상을 빗나갔다. 삼성전자, 삼성SDI 금, 삼성토탈 동이었다. 발표를 마치고 자리를 뜨는 심사위원장을 주차장까지 따라 갔다. 채점 결과를 강하게 요구했다. 심사위원장은 본인은 채점에 관여하지 않아서 모른다고 했다. 그날 뒤풀이 자리에서 술로 풀었다.

나를 믿고 따라와 주었던 분임조원들에게 미안한 마음이 컸다. 순진했다.

2024년 5월부터 화성시에 있는 중소기업 ○○금속의 위험성평가를 지도했다. 대표이사께서 하시는 말씀이 평생 사업을 했는데 너무 안되어 회사를 살려 보려고 굿까지 하셨다고 과거의 고생담을 말씀하셨다.

그렇게 어렵게 버텨 왔던 회사가 코로나19 확산을 계기로 매출이 늘어나기 시작했다. 하시던 사업이 자리를 잡고 이익을 내기 시작했다.

필자가 방문했던 시점에는 공장도 확장 이전하고 환경도 개선해 50인 미만 중소기업임을 고려할 때 공장의 관리 상태는 양호한 편에 속했다.

담당자에게 위험성평가를 지도하고, 현장 안전점검을 실시해 부적합 사항을 알려 주었다. 다음 회차 방문 시 현장을 확인하면 80% 정도는 개선을 완료한 상태였다. 컨설턴트 입장에서 고마운 마음이 들었다.

대표이사께서도 안전에 대한 중요성을 알고 계셨다. 과거 회사에서 업무 중 산재사고를 당하신 분의 가족에게 몇 년째 도움을 주고 계셨다.

필자가 잘할 수 있는 부분에 대해 도움을 더 주고 싶었다. 지금까지 진행했던 위험성평가 활동을 가지고 안전보건공단에서 시행하는 위험성평가 경진대회 한번 나가 보시라고 권유했다.

"열심히 하셨으니까 하신 내용 잘 정리해서 참가하면 좋은 결과 있을 것 같습니다."

계획된 컨설팅 횟수가 마무리되었다. 개인적인 시간을 할애해 담당자에게 발표 자료 작성과 발표 요령에 도움을 드렸다. 지역 공단에 접수는 직접 하시라고 했다.

다른 회사 컨설팅을 다니면서 잊고 있었다. 연락이 왔다. 서류 심사에서 떨어졌다는 문자였다. 뭔지 모를 마음에 할 말이 없었다.

그냥 컨설팅 마무리하고 끝내면 될 것을 오지랖 떤다고 경진대회 권하다가 막상 예선도 못 나가고 서류 심사에서 탈락했다고 생각하니까 미안한 마음이 들었다.

그렇게 끝나는 줄 알았다. 한 달 정도 지났는데 회사에서 전화가 왔다. 어떻게 된 일인지 지역 공단에서 위험성평가 경진대회 우수상 표창장이 우편으로 왔다고 했다.

어이가 없었다. 확인해 보니 회사가 산업안전 상생재단에서 연말 중소기업 안전관리 체계구축 우수사업장으로 선정되어 고용노동부 고위직이 방문하기로 결정되었다는 소식이 알려졌고, 이를 전해 들은 지역공단에서 위험성평가 우수상 표창을 만들어 회사로 보낸 것이었다.

20년 전 전국분임조 발표대회가 오버랩 되었다. 세상은 생각한 대로 돌아가지 않는다.

"위원님! 표창장 사무실 입구에 게시해 놓아야 되겠지요?"
"그렇게 하세요. 고위직 방문 때 잘 보실 수 있도록."

경진대회는 격려와 정보 공유의 장이다.

주최 측 입맛에 맞추는 것은 경진대회가 아니라 비즈니스다. 씁쓸한 여운이 남았다.

6
고소작업대

시저형 고소작업대 사고 사례는 주로 끼임사고와 전도 사고가 대부분이다. 안전수칙 미준수, 안전장치 해체 등이 주요 원인으로 작용한다. 시저형 고소작업대에서 끼임 등으로 9년간 69명이 숨졌다.[20]

상승 레버 조작 시 과상승방지장치가 없다고 해도 신체부분이 구조물과 접촉되는 것을 감지하면 조작레버를 놓으면 되는데 그렇지 못한 이유는 인간의 반응속도와 깊은 관련이 있다.

인간의 일반적인 평균 반응 속도는 약 0.25초(250ms) 내외이며, 숙련된 사람도 물리적인 한계로 0.1초(100ms) 미만으로 줄이는 것은 거의 불가능하다.

구조물의 신체 접촉을 감지하고 조작 레버를 잡은 손을 놓으려면 뇌를 거쳐야 한다. 반응속도가 영향을 미친다. 내 앞에 보이는 모든 것은 현재가 아닌 과거다. 인간의 반응속도는 산업현장 안전사고 발생과 밀접한 관계가 있다.

---

[20] https://www.hani.co.kr/arti/society/labor/995024.html

시저형 고소작업대 사용 중 발생한 중대재해사고 공유자료에 나온 내용을 옮겨 보았다.

1. 재해 개요

2024. 11. 00.(목) 9시경 경북 경주시 소재 ○○○ 본관 신축공사 현장에서, 재해자가 시저형 고소작업대에 탑승해 천장 실측 작업 중 작업대가 갑자기 상승하며 작업대 난간과 구조물 사이에 목이 끼어 1명이 사망함.

2. 발생 원인

■ **고소작업대 조작반 관리 미흡**

(연동형 제어장치 미작동) 고소작업대의 오조작을 방지하기 위해 조작반에는 연동형 제어장치(인에이블 스위치)가 설치되어 있으나, 작동되지 않는 상태로 사용하는 등 고소작업대 관리 미흡.

■ **고소작업대 과상승 방지조치 미흡**

(과상승 방지봉 미설치) 작업장소 상부에 천장 등 구조물이 있는 경우 고소작업대의 과상승을 방지하기 위해 작업대의 난간에 과상승 방지장치를 설치해야 하나 임의로 해체한 채 사용.

3. 예방대책

- **고소작업대 방호장치의 설치 및 기능 유지 철저**
  ① 고소작업대 레버의 오조작에 대비해 연동형 제어장치(인에이블 스위치, 풋스위치 등)를 설치하고 정상적으로 작동하도록 관리.
  ② 조작반에는 레버가 의도하지 않은 접촉으로 가동되지 않도록 접촉방지 가드 또는 오조작 방지 덮개 설치.
  ③ 작업대의 난간 모서리 4개소에는 과상승 방지장치를 설치하고 기능의 해제 및 고장 여부를 수시 확인해 정상 작동할 수 있도록 관리.

공단에서 작성 공유하는 시저형 고소작업대 끼임사고 발생 원인은 하나같이 과상승 방지장치와 연계되어 있다.

과상승 방지장치는 시저형 고소작업대의 작업자가 천장이나 구조물에 끼어 발생하는 사고를 막기 위한 필수적인 안전장치다. 2023년 9월 1일 「위험기계·기구 안전인증 고시」 개정 이후, 더욱 강화된 기준으로 제작 및 설치가 의무화되었다.

2024년 6월 서울 성북구 공동주택 신축공사 현장, 2024년 1월 배관과 고소작업대 사이 끼임사고, 2024년 11월 경북 경주시 제조 공장 신축 공사 현장 끼임사고, 2024년 12월 경기도 오산시 주차장 신축공사 현장 끼임사고, 2023년 9월 1일 강화된 기준 시행 이후에도 끼임사고는 계속되고 있다.

근원적으로 접근해 보자. 산업현장을 다니다 보면 고소작업대를 자주 보게 된다. 그때마다 과상승 방지장치(수직형)를 4군데 모두 설치하고 작업하는 광경을 본 기억이 없다.

필자가 생각하기에 가장 비효율적인 안전장치가 과상승방지 장치다. 작업현장의 상황을 고려하지 않은 단순한 아이디어가 적용된 사례다.

고소작업대를 사용하는 현장을 그려 보자. 상부에 각종 배관, 덕트, 케이블트렌치 등 많은 구조물이 연결되어 있다. 복잡한 구조부분을 피해 용접, 볼팅, 페인팅, 보온 등 다양한 작업을 한다.

작업을 위한 높이까지 올리다 보면 안전난간 위의 과상승 방지장치 센서가 구조물에 걸린다. 하강해서 위치 조정하고 다시 올릴까? 아니면, 그냥 과상승 방지장치 제거하고 작업할까? 100명의 작업자 중 과연 전자를 지키려는 사람이 몇 명일까? 궁금하다.

사람의 생명을 보호할 수 있는 안전장치는 매우 중요하다. 그 중요성은 현장에서 고소작업대를 이용해 작업을 하는 사람이 더 잘 안다.

고소작업대의 경우 어느 한 회사에 고정 사용하는 장비가 아니다. 보통 렌털을 이용하고, 사용 빈도수가 제한적일 경우에는 제어장치, 안전장치, 연동장치 등의 개념을 잘 모를 수 있다.

크레인의 경우 조작을 하는 사람이 지정되어 있어 안전장치 점검이나 관리에 대한 이해도가 높아 안전장치 유지관리 미흡에 의한 사고위험성이 낮을 수 있다.

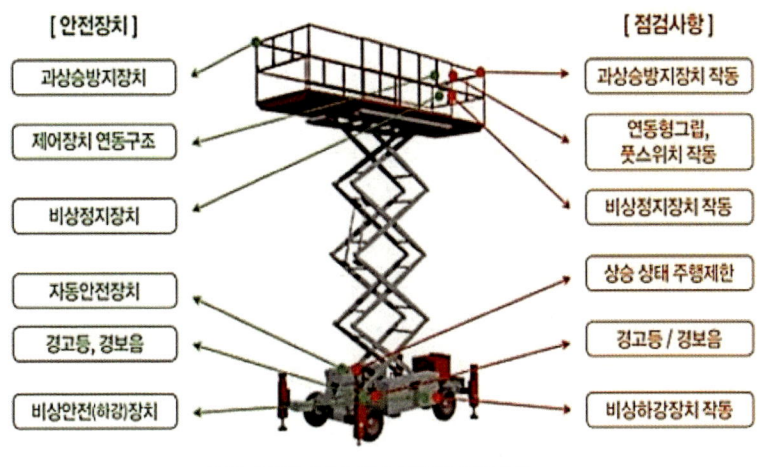

출처: 고용노동부, 고소작업대 안전수칙

　고소작업대의 경우 관리주체를 고려할 때 작업 중 임의 상승에 의해 나타나는 문제는 기술적 관점에서 재검토가 이루어져야 할 것으로 판단된다.

　작업자가 조작레버를 사용하는 과정에서 발생하는 끼임사고는 현 조작레버의 위치를 작업대 발판에 설치하고 보호커버를 하는 방안을 검토할 필요가 있다.
　현재와 같이 작업자가 서 있는 상태에서 상승레버 조작 시 반응속도가 늦은 작업자들의 끼임사고 위험성이 높다.

　기본적으로 상승레버를 조작하기 위해서는 작업난간 바닥에 앉아 조작할 수 있도록 하면 조작 중 끼임사고 발생을 제로화시킬 수 있다. 굳이 풋

스위치, 인에이블 스위치 같은 걸 연동시켜 복잡하게 구성할 필요가 없다.

연동장치는 복잡하면 복잡할수록 유지관리가 어렵다. 많은 부품과 많은 연결포인트는 안전장치의 오작동 확률을 증가시킬 수 있다.

풋스위치, 인에이블 스위치는 석유화학 플랜트에서 설치하는 '2 Out of 3'[21]의 개념이 아니다. 개별적인 안전장치다. 안전장치 이중화의 개념이 아닙니다.

---

[21] '2 out of 3(2oo3)' 인터록(interlock)은 높은 신뢰성과 안전성을 요구하는 시스템에 사용되는 제어 방식으로, 3개의 독립적인 장치 또는 센서 중 2개 이상이 일치하는 신호를 보낼 때만 특정 동작이 실행된다.

7
PSM

1974년 영국의 플릭스보로(Flixborough) 증기운 폭발사고와 1976년 이탈리아 세베소(Seveso)에서의 TCDD[22] 누출사고, 1984년 인도 보팔(Bhopal)에서의 MIC(methyl isocyanate) 누출사고, 1989년 미국 Houston 폭발사고 등 화학물질 누출로 인한 화재폭발사고 형태로 대규모 인명 피해를 일으킨 사고들이 1970년 이후 연이어 발생했다.

이에 세계 경제 선진국과 국제기구에서는 유해화학물질로 인한 대규모 누출·화재·폭발사고를 예방하기 위한 대책을 논의했고, 유럽국가 중심으로 중대산업사고 예방제도가 태동하기 시작했다.

우리나라의 중대산업사고 예방제도, 즉 PSM(Process Safety Management)[23]는 1992년 한국-ILO 중대산업사고예방 국제워크숍에서 논의하기 시작해 1995년 「산업안전보건법」 일부를 개정하면서 「산업안전보건법」 제49조 2항에 "공정안전보고서의 작성 및 제출"의무 규정을 신설해 석

---

22 2, 3, 7, 8 - tetachlorodibenzo-p-dioxine
23 위험물질을 취급하는 사업장에서 화재·폭발·누출 사고로 인한 중대 산업사고를 예방하기 위해 공정안전보고서를 작성·심사받도록 하는 법적 제도.

유화학공장 중심으로 적용을 시작해 화학물질을 규정 수량 이상 사용하는 기타 산업에까지 적용하고 있다.[24]

PSM 제도는 공정안전관리(Process Safety Management)의 약자로, 중대 산업사고를 일으킬 위험이 있는 유해·위험설비를 보유한 사업장이 폭발, 화재, 누출 등의 사고를 사전에 예방하기 위해 공정안전보고서를 작성하고 이행하는 제도다. 사후관리가 있다. 등급제로 차등을 두어 관리한다.

등급은 사업장의 공정안전관리(PSM) 이행 상태를 평가해 부여한다. P, S, M+, M-의 4개 등급으로 나눈다. 고용노동부가 사업장의 이행 상태를 평가하고 등급별로 차등 관리함으로써 사업장의 자율적인 안전 관리 노력을 유도하는 것이 주된 목적이다.

등급이 낮을수록 정부의 관리·감독이 강화되고, 페널티가 부과될 수 있다. 특히 M등급 사업장은 중대 산업사고 위험이 더 크다고 판단되어 감독 강도가 높아지기 때문에, 많은 사업장이 S 등급 이상으로 상향하기 위해 컨설팅을 받는 등 노력을 기울인다.

2025년 1월 말 기준으로, 국내 PSM(공정안전관리) 대상 사업장으로 확인된 곳은 총 2238개다. P 등급이 129개로 5.7% 정도 된다.

필자가 근무했던 석유화학공장의 경우 최고등급인 P를 받아야 정기보수 간격을 4년 주기로 할 수 있다. PSM 제도가 도입되었던 1990년대 중반

---

24 PSM 관리 실태와 전망, 한국화재보험협회

HAZOP[25]을 이용 위험성평가를 수행했던 기억이 났다.

2013년 ○○전자 불산 누출 사망 사고, 2015년 ○○케미칼 폐수저장조 폭발 사망사고, 2020년 ○○화학 질소 누출 사망 사고 모두 P 등급 사업장이었다. 제도가 형식적으로 운영되고 있었던 것 아니냐는 비판이 제기되었다.

PSM 12대 실천 요소는 중대 산업사고 예방을 위해 사업장에서 체계적으로 관리해야 할 12가지 핵심 과제를 말한다.
공정안전보고서의 4가지 주요 구성 요소(공정안전자료, 공정위험성평가, 안전운전계획, 비상조치계획)를 세분화해 현업에서 구체적으로 실행하도록 만든 것이다.

① **공정안전자료(Process Safety Information)**
유해·위험물질의 종류, 수량, 물질안전보건자료(MSDS) 등 공정의 안전에 필요한 모든 기술 정보를 체계적으로 관리

② **공정위험성평가(Process Hazard Analysis)**
공정에 내재된 위험 요인을 파악하고 평가해 사고 위험을 줄이기 위한 개선 방안을 마련

③ **안전운전지침(Operating Procedures)**
공정의 안전한 운전을 위한 절차와 지침을 명확히 문서화하고 준수

---

25 위험과 운전성 분석(Hazard and Operability study)의 약자로, 화학 공정과 같이 위험성이 높은 공정에서 잠재적인 위험 요인과 운전상의 문제점을 체계적으로 찾아내고 그 원인을 제거하는 데 사용되는 정성적 위험성평가 기법.

④ 설비점검·검사 및 유지·보수(Mechanical Integrity)

주요 설비의 안전 성능을 확보하기 위해 정기적인 점검, 검사, 보수계획을 수립하고 실행

⑤ 안전작업허가(Hot Work Permit)

화기 작업 등 위험성이 높은 작업에 대해 사전에 안전조치를 확인하고 허가를 내주는 절차를 관리

⑥ 도급업체 안전관리(Contractors)

공정 작업에 참여하는 협력업체 근로자에 대한 안전 관리 계획을 수립하고 실행

⑦ 근로자 교육(Training)

작업자가 공정의 안전한 운전과 비상 조치에 필요한 지식과 기술을 갖출 수 있도록 정기적 교육·훈련 실시

⑧ 가동 전 점검(Pre-Startup Safety Review)

신규 설비 설치 또는 기존 설비 변경 후, 가동 전 안전성을 최종적으로 점검

⑨ 변경요소관리(Management of Change)

공정의 변경(원재료, 설비, 절차 등)이 있을 때 안전에 미치는 영향을 사전에 평가하고 관리

⑩ **사고 조사(Incident Investigation)**

사고나 아차사고(Near-miss) 발생 시 원인을 철저히 분석하고 재발 방지 대책을 수립

⑪ **자체감사(Compliance Audits)**

PSM 이행 실적을 자체적으로 주기적(연 1회 이상)으로 평가해 개선점을 발굴

⑫ **비상조치계획(Emergency Planning and Response)**

화재, 폭발, 유출 등 비상 상황 발생 시 신속하고 효과적으로 대응하기 위한 계획을 수립

위에서 언급된 P 등급 사업장에서 발생한 중대산업재해의 사고개요를 토대로 12대 실천 요소 항목별 직접적인 관련성을 확인해 보자.

아래 내용의 경우 필자가 정확한 사고 원인을 모르는 상태에서 뉴스를 통해 나오는 내용을 토대로 분류했으므로 부분적으로 견해 차이가 있을 수 있다는 점을 밝혀 둔다.

○○전자 불산누출 사고 사례는 불산 저장탱크 밸브를 교체하는 과정에서 불산이 누출되어, 작업을 하던 협력업체 직원 1명이 사망하고, 4명이 부상을 입은 사고 사례다.

첫째, 안전운전 절차를 미준수했다. 밸브교체 전 담당부서가 수행했어야

하는 업무다.

둘째, 안전작업허가서 발행조건 미충족. 배관 내 불산 제거상태 미확인.

셋째, 도급업체 안전관리 미흡. 작업자 안전보호구 미착용(상기사항 추정임).

넷째, 근로자 교육 미흡.

2015년 ○○케미칼 폐수저장조 폭발 사망사고 내용은 폐수 이송배관 연결 작업을 하던 중, 폐수집수조 내부에서 폭발이 발생했다.

사고로 인해 하청업체 직원 6명이 사망하고, 경비원 1명이 부상당했다. 사고 원인은 용접작업 중 발생한 불꽃이 폐수 저장조 내부에 남아 있던 가연성 가스에 옮겨 붙어 폭발한 것으로 추정되었다.

첫째, 화기작업에 대한 안전운전지침 미준수.

둘째, 안전작업허가서 발행부적합.

셋째, 변경요소관리 위험 요인 평가 누락.

넷째, 도급업체 안전관리 미흡.

2020년 ○○화학 질소 누출 사망 사고는 촉매포장실에서 폭발과 함께 화재가 발생했다. 이 사고로 연구원 1명이 사망하고 2명이 부상당했다.

원인은 알킬알루미늄 기반 촉매 분말이 고압 상태에서 운송되던 중 폭발한 것으로 알려졌다. 해당 사고의 경우 실험실 파이로트에서 발생한 것으로 보아 정상운전 상태에서 준비되었어야 하는 항목들이 누락되었을 가능성이 높다.

첫째, 안전운전지침.

둘째, 공정 위험성평가(Process Hazard Analysis).

셋째, 근로자 교육(Training) 등 미흡.

P 등급 사업장에서 발생한 중대산업재해 내용과 PSM 12실천 요소 항목 비교결과 ①, ② 항목에 해당하는 내용 하나만 준수했어도 중대산업재해로 이어지지는 않았을 것으로 판단된다.

PSM 제도가 도입된 지 40년이 지났다. 공장을 운전하고 보수하는 사람이 바뀌고, 설비의 노후화에 의한 부식문제, 기술적 요인 등 많은 요소가 변했다. 40년 전 설비를 기준으로 유사한 항목의 체크리스트를 만들어 사후심사를 한다.

90점과 89점의 차이가 무엇인가. P 등급 사업장에 중대산업재해가 발생하면 한다는 말이 "P 등급 사업장이라고 100% 중대산업재해가 안 난다는 것은 아니다."라는 이율배반적인 구차한 변명은 그만하면 좋겠다. 타 안전인증제도도 마찬가지다.

PSM 제도의 운영 목적은 위험물질을 취급하는 사업장에서 화재·폭발·누출 사고로 인한 중대 산업사고를 예방하기 위한 것이다. 12가지 실천 항목에 유연성을 부여하자.

선택과 집중을 통해 기업의 관리 부담도 낮추어 주고, PSM 제도 운영의 목적도 달성할 수 있는 방안을 강구해 보자. 현장의 수용성은 심플함에서 나온다. 복잡하면 형식으로 흐른다.

　PSM 제도 운영 목적은 명확하다. 중대산업재해예방이다. 최초 심사의 경우 전체적인 부분에 대한 점검 및 관리의 필요성은 인정된다. 하지만 정기심사에서 12개 항목을 다 관리해야 목적을 달성할 수 있는지, 아니면 심사를 했다는 흔적을 남기기 위해 필요한 부분인지 묻고 싶다.

8
MSDS

지금까지 생산현장을 포함 방문한 모든 곳에서 안전점검 결과 지적의 빈도수가 높았던 것 중의 하나가 MSDS[26] 경고표지 부착 누락 건이다.

화학물질을 담은 용기나 포장에는 유해·위험 정보가 명확히 표시된 경고표지를 부착해야 한다. 「산업안전보건법」 제115조(경고 표시 의무) 위반이다. 아직까지 현장에 MSDS 제도가 완전히 정착되지 못한 것으로 판단된다.

1996년 7월 1일 5인 이상 사업장을 대상으로 MSDS 제도가 처음 시행된 이후 2000년 8월 적용 범위가 5인 미만 사업장까지 확대되었다. 2010년 7월 국제 표준인 GHS(화학물질 분류·표지에 관한 세계 조화시스템) 기준이 국내에 도입, 시행되었다.

제도 시행 30년이 되었다. 아직도 현장에서는 MSDS 관련 법규 위반 사례가 많이 보인다. 국립소방연구원 화학사고 통계 자료에 따르면 2020년 238건에서 매년 감소 추세를 이어 가고 있다.

---

26 물질안전보건자료로, 유해하거나 위험한 화학물질에 대한 정보를 담은 문서. 화학물질을 안전하게 취급하고 관리해 근로자의 건강과 안전을 보호하고 사고를 예방하기 위한 목적으로 작성된다.

2024년 195건 중 인명 피해를 초래한 주요 화학사고 물질은 일산화탄소, 황산, 질산, 수산화나트륨, 용접가스, LPG 등이다. 21건의 가장 많은 누출 사고를 기록한 사고물질은 액체 중금속인 수은(Hg)이다.

산업현장에서 수은은 과거에 비해 사용이 크게 줄어들었지만, 여전히 일부 특수 분야에서 사용되고 있다. 산업현장 수은중독의 대표사례가 문송면 군 사망사고였다.

1988년 당시 15세였던 문송면 군이 온도계 제조공장에서 일하다 수은중독으로 사망했다. 수은의 유해성과 산업안전보건 문제에 대한 사회적 경각심을 높이는 계기가 되었다.

2021년 1월 16일부터 시행된 개정된 「산업안전보건법」에 따른 MSDS의 명칭이 SDS(Safety Data Sheet)로 변경되었다. 국제적인 흐름에 맞춘 변화로, 국제연합(UN)이 정한 화학물질 분류·표지에 관한 세계조화시스템(GHS)을 따르기 위함이다.

주요 변경사항은 기존에는 사업장 내 비치 의무만 있었지만, 개정 이후에는 유해·위험 화학물질을 제조하거나 수입하는 사업주가 물질안전보건자료를 한국산업안전보건공단에 제출해야 하는 의무가 추가되었다.

기존자료의 유예기간도 법 개정 이전에 작성된 MSDS는 제조·수입량에 따라 최소 1년에서 최대 5년까지 유예 기간을 두어 새로운 SDS[27] 양식으로 제출하도록 했다.

영업비밀 보호를 위해 화학물질명과 함유량을 비공개 승인받은 경우, 대체 명칭과 함유량을 기재할 수 있도록 개선되었다. 이러한 변화를 통해 국제 표준에 맞추고 화학물질 관련 정보 전달의 일관성을 높여 근로자의 안전을 강화하는 것이 목표다.

MSDS에는 화학제품 및 회사에 관한 정보, 물질의 유해성·위험성, 구성 성분의 명칭 및 함유량, 응급조치 요령, 폭발·화재 시 대처 방법, 누출 사고 시 대처 방법, 취급 및 저장방법, 노출방지 및 개인보호구, 물리화학적 특성, 안정성 및 반응성, 독성에 관한 정보, 환경에 미치는 영향, 폐기 시 주의사항, 운송에 필요한 정보, 법적규제현황, 그 밖의 MSDS 작성일, 개정 횟수 등 참고사항 등 화학물질의 안전한 사용을 위해 필수적인 16가지 항목이 포함되어 있다.

화학물질의 취급 및 사용 시 안전사고 예방을 위해 화학물질별로 기록되어 있는 내용을 보면 화학물질 백과사전이다.

기업에서 보관하고 있는 MSDS의 양을 보면 화학 회사가 아닌 일반 금속 가공 회사에도 상당한 분량이 관리되고 있다.

---

27 SDS와 MSDS는 모두 화학물질의 유해성과 안전한 취급 방법을 담은 문서이지만, SDS가 MSDS의 최신 국제 표준 양식이다. 2012년 국제 연합(UN)이 화학물질의 분류 및 표시에 대한 국제 표준인 GHS(Globally Harmonized System)를 도입하면서 전 세계적으로 SDS(Safety Data Sheet)가 사용되기 시작했다.

근로자 MSDS 교육도 실효성을 고민해 보자. 소규모 중소기업에서 자체적으로 운영되는 MSDS 교육 관련 서류가 있다고 해도 근로자들의 교육 효과가 얼마나 될지는 모르겠다.

이렇게라도 하는 것이 안 하는 것보다 낫다고 주장하시는 분도 있다. 틀린 말은 아니다. 필자 생각은 조금 다르다. MSDS 제도가 도입된 지 30년 되었다. 현장에서는 경고표지 부착 관련 위반 사례가 많이 확인된다.
아직까지 사용자, 근로자 모두 MSDS 제도 운영의 취지를 모르거나 물질의 위험성을 인지하지 못하고 있다는 의미로 해석할 수 있다.

경고표지의 부착은 임의 사용에 따른 화학물질의 피해를 줄이기 위한 간단한 조치로 보이지만 MSDS 관리 목적 중 가장 중요한 부분이다.

현장에서 안전점검을 할 때 먼지가 쌓여 있는 상태로 확인할 수 없는 액체가 들어 있는 통을 보면 물어본다. 대부분 잘 모르겠다는 사람이 많다.
사업장에서 준수해야 할 MSDS 의무사항을 정리해 보았다(제조자, 수입자 의무 제외).

■ 비치 또는 게시 의무

사업주는 화학물질 취급 근로자가 쉽게 볼 수 있도록 MSDS를 작업장 내에 비치하거나 게시해야 한다.

■ 경고표지 부착

화학물질을 담은 용기나 포장에는 유해·위험 정보가 명확히 표시된 경고표지를 부착해야 한다.

■ **근로자 교육 의무**

사업주는 화학물질을 취급하는 근로자에게 MSDS의 주요 내용을 정기적으로 교육해야 한다.

PSM 주제에서 언급했던 내용이다. P 등급을 받은 사업장에도 중대산업재해가 발생할 수 있다. 해당원인을 12대 실행요소에 대한 형식적인 활동을 원인으로 지목하는 경우가 많다.

'형식적 의미'라는 용어는 문맥에 따라 여러 가지로 해석될 수 있지만, 일반적으로 법률이나 규정에서 요구하는 특정한 형식이나 절차를 준수하는 것을 뜻한다.

개별기업의 관리적 관점에서 내용의 실질적인 옳고 그름이나 유효성과는 별개의 문제다. 정해진 절차와 형식을 갖추었는지를 따지는 것을 의미한다.

정부의 입장에서는 모든 것을 하나로 묶어 심플한 관리를 하고 싶지만 이행 주체인 기업은 상황이 다른 경우가 많다. 안 맞는 것을 따라가려다 보니 귀찮고 형식으로 흐를 수밖에 없다.

기업의 MSDS 관리에 대해서는 사업장에서 주로 취급하고, 사용하는 물질 중에 유해성과 위험성이 높은 물질 등을 중점관리 항목으로 선정해 실효성을 높일 수 있는 방향으로 전체의 틀은 유지하되 기업의 자율적 운영에 맡겨보자.

 기존의 획일적인 MSDS 제도 적용에 따른 형식적인 관리를 대체할 수 있는 방안이 될 수 있다.

9
공표

지게차 안전장치의 사고 예방 비율은 여러 연구와 사례를 통해 최대 70%까지 사고를 줄일 수 있는 것으로 나타났다. 특히, 후방 카메라나 충돌 방지 시스템과 같은 장치들이 시야 확보 문제를 해결해 사고율을 크게 낮춘다.

한 연구에 따르면, 첨단 안전 시스템을 도입한 기업에서 지게차 관련 사고가 최대 50%까지 감소한 것으로 보고되었다. 한 물류 회사는 근접 경고 시스템 도입 1년 만에 사고 발생률이 47% 줄어든 것으로 나타났다.

안전장치 설치 비용 부담을 줄이기 위해 산업안전보건공단에서 중소기업을 대상으로 비용의 70%를 보조금으로 지원하는 사업을 운영하고 있다. 언제부터 얼마를 운영했는지는 필자가 확인할 길이 없다. 중요한 것은 집행이 되었으면 어느 정도 효과가 나타나야 되는 것 아닌가?

공단의 지게차 재해자 수와 사망자 수 발표 결과를 보면 일정하지가 않다. 연도별 카운트 하는 게 어려운 일은 아닐 듯한데 생뚱맞게 중간에 한번씩 5년짜리 통계가 발표된다. 이유는 모르겠다.

중대산업재해 예방을 위한 정부사업에 딴지를 걸기 위함이 아니다. 이왕 사업을 하는 것이라면 스마트 안전장비도 중요하겠지만 얼마 안 되는 지게차 안전벨트도 함께 A급으로 교체해 주면 좋겠다.

지게차 전도 시 운전자의 생명을 구할 수 있는 중요한 장비다. 현장을 다니다 보면 안전벨트 기능을 못 하는 것이 눈에 많이 띈다.

현장 안전관리 담당자들에게 재해의 형태 중 가장 많은 것이 어떤 것이냐고 물어보면, 일반적으로는 '추락'과 '끼임' 사고를 가장 많이 답할 것 같다. 경험보다는 안전교육에 의한 반복된 학습 효과가 영향을 미친 것으로 보인다.

대표적인 사고 기인물 하나만 들으라면 '지게차'의 답변이 가장 많이 나올 것으로 예상된다.

필자의 생각도 다르지 않다. 물류 이동이 많은 현장에서 빈번하게 사용되며, 운전자의 시야 확보 문제, 보행자 안전수칙 미준수, 불안정한 운행 등이 복합적으로 작용해 사고가 많을 것으로 실제 타사고 대비 빈도수가 높을 것으로 생각된다.

재해 예방을 위한 안전장치는 매우 중요하다. 하지만 현재와 같이 제품과 별개로 보급되는 안전장치의 경우 효과에 대한 사전검증에 대한 신뢰성은 비즈니스 관점으로 부풀려졌을 개연성이 높다.

설치 후 모집단에 대한 전수 결과를 바탕으로 효과가 있다고 입증되면 지게차 생산 공장에서 제품에 부착해 산업현장에 보급되어야 한다.

이를 위해 공단을 통해 안전장치를 지원받아 설치한 기업들의 지게차 관련 재해실적이 지속적으로 집계되어 공표(公表)되어야 한다.

공단을 통해 기업의 부담은 낮아지겠지만 제품 공급자는 이득을 취하는 구조다. 적정한 국민 세금이 들어가는지 확인되어야 하는 부분이다.

사고 사례 분석 시 기인물에 대한 단순한 양적 집계 결과에 대한 공표는 사다리 하나에 100만 원을 넘어가는 상식 이하의 안전사다리가 시장에 나오는 빌미를 제공한다.

대한민국 중소기업 중 100만 원이 넘어가는 사다리를 구매할 회사가 있을지 의문이다.

안전장치의 비즈니스화는 중대산업재해예방에 결코 도움을 주지 못한다. 국민 세금을 눈먼 돈으로 인식하는 그릇된 안전의식의 확산을 유도할 수 있다.

필자는 앞에서 언급한 관계자들이 노출한 지게차 안전장치의 70%, 50%, 47% 예방효과는 믿지 않는다. 현장에서 안전장치를 부착한 지게차 재해건수가 줄어들었다는 공표자료가 나오기 전까지는.

연도별 지게차 재해건수 및 사망자 수(출처: 공단 발표 자료)

구분	2017	2018	2019	2020	2021	2022	2023
재해건수	1170	1061	X	1144	1396	1163	X
사망자 수	34	38	34	34	21	11	X
비고	■ 2018년 사망자 수: 건설재해 기계차 통계 사망자 수 ■ X 정확한 지게차 수치 미분류 확인 안 됨 ■ 2015~2019년 5년간 지게차 관련 재해자 수 5818명, 사망자 173명 ■ 2017~2021년 5년간 발생기인물 중 지게차 사고로 인해 총 61명이 사망							

10
무주공산

무주공산(無主空山).

無主(무주), '주인이 없다'.
空山(공산), '비어 있는 산' 또는 '사람이 없는 산'을 의미한다. 두 단어가 결합되어 "주인이 없는 빈 산", 즉 아직 아무도 차지하지 않은 자리나 영역을 뜻한다.

'무주공산'은 고전에서 유래한 표현은 아니지만, 중국 고대 문헌이나 한문 문체에서 자주 등장하는 관용적 표현이다. 권력이나 지위가 공석일 때, 이를 비유적으로 표현하기 위해 사용되었으며, 정치·군사적 맥락에서 많이 활용되었다.

2024년 여름으로 기억된다. 안전관리전문기관 관계자를 대상으로 고용노동부와의 간담회가 있었다.

통상 간담회의 목적은 조직이나 집단 내외의 다양한 구성원들이 허심탄회하게 의견을 나누고, 상호 이해를 증진하며, 협력의 기반을 마련하기 위한 만남의 자리다. 안전관리전문기관이라는 대표의 입장에서 이런 자리가 처음이었지만 자유로운 분위기를 예상했다.

산업안전지도사 자격을 취득하고, 자비를 들여 14주라는 긴 시간의 집합교육을 수료 후 안전관리전문기관의 개인사업자는 배제되고, 안전에 대한 지식이 제한적일 것이라는 'OO사'에게는 기회를 주는 현실에 대해 어떻게 생각하고 있는지 궁금하던 참이었다. 질문 차례를 기다렸다.

"과장님! 안전보건체계구축 사업에 안전관리전문기관을 운영하는 개인은 참여 못하고, 'OO사'가 참여하는 문제에 대해 어떻게 생각하고 계신지 궁금합니다."

대답이 걸작이었다.

"왜요! 그게 어때서요. 문제 있어요?"

그 이후 간담회 자리가 편치 않았다. 이런 곳에 뭐 하러 와서 앉아 있는 것인가 하는 후회가 들었다.
내가 생각하고 있던 안전관리전문기관의 역할이라는 것이 그들의 기대와 얼마나 어긋나 있기에 태연하게 그런 대답을 할 수 있을까.

안전관리전문기관의 대표가 아닌 35년 석유화학 공장의 생산현장에서 안전을 담보로 살아온 사람의 입장에서 납득이 가지 않는 대답이었다.
안전보건체계 구축 사업은 중대재해 예방과 산업재해 감축을 위해 정부와 공공기관이 추진하는 위험성평가 기반의 예방 중심 컨설팅 지원 사업이다.

특히 중소규모 사업장의 안전보건 역량 강화를 목표로 안전보건공단에서 만들어 놓은 시스템을 접목시키는 컨설팅 지원 사업이다.

만들어진 각본대로 전달하면 되는데 누가 하면 문제가 되겠냐는 의미였다. 「중대재해처벌법」 시행 이후 정부 지원 관련 안전사업의 무주공산 시대가 열렸다.

○○○그룹이 최근 몇 년간 반복적인 중대재해 사고로 사회적 비판을 받고 있다. 2022년, 2023년, 2025년. 특히 제빵 공장 등 제조업 현장에서의 끼임사고가 집중적으로 발생하고 있다.

한때 중대재해 발생 기업들이 KOSHA-MS 45001 또는 기타 안전보건 관련 인증을 받은 사실이 알려지면서, 해당 인증제도의 실효성에 대한 논란이 커졌었다.

단순한 행정적 문제를 넘어, 산업안전보건체계의 신뢰성과 구조적 한계를 드러내는 중요한 문제다.

관점에 따라 다를 수 있다. 필자가 생각하는 가장 큰 원인은 '인증에 대한 남발'이다. 책임의무가 없는 안전인증 시장의 리더가 되기 위해 필요한 것은 전문성이 아니다. 비즈니스 능력이다. 필자가 사업에 참여하기 이전부터 무주공산은 시작되었다.

안전관리전문기관을 개업한 지 만 2년이 지났다. 1인 기업이 라이선스와 경험만으로 버틴다는 것이 쉽지 않다는 현실을 조금씩 알아 가고 있다.

* 경험을 지면으로 옮기는 과정에서 'OO사'분들의 안전에 대한 지식이 제한적일 것이라는 표현은 통상적인 사회적 판단기준을 고려한 개인적 견해임을 밝혀 둔다. 지도사 동기분들 중에 노무사 자격을 같이 보유하고 계시는 분들도 있다.

11
안전검사

안전검사의 목적은 산업재해 예방과 근로자 안전 확보다. 「산업안전보건법」에 따라 유해하거나 위험한 기계·기구·설비를 사용하는 사업주는 주기적으로 안전검사를 받음으로써 기계의 안전 성능이 기준에 적합하게 유지되도록 관리해야 한다.

「산업안전보건법」에 따라 안전검사 대상이 되는 기계·기구는 유해하거나 위험한 작업에 사용되어 근로자에게 사고를 일으킬 위험이 있는 설비들이다.

안전검사 대상 기계·기구는 프레스, 전단기, 크레인, 리프트, 압력용기, 곤돌라, 국소배기장치, 원심기, 고소작업대, 사출성형기, 롤러기, 산업용 로봇, 컨베이어 13가지다.

일부 기계는 특정 조건에 따라 면제될 수 있으며, 예를 들어 정격하중 2톤 미만 크레인, 이동식 국소배기장치, 산업용 외의 원심기 등은 대상에서 제외될 수 있다.

2026년부터는 혼합기, 파쇄기 또는 분쇄기가 안전검사 대상에 추가된다. 2024년 6월 25일 개정·공포된 「산업안전보건법 시행령」에 따른 것으로, 식품 제조업체에서 자주 발생하는 기계 관련 사고를 예방하기 위한 조치다.

2022년 ○○○ 계열사인 제빵 공장에서 혼합기에 20대 여성 노동자가 끼어 사망한 사고가 사회적 공분을 샀다. 이 사건을 계기로 정부는 식품 제조업체 기계의 안전관리 실태를 재점검하게 되었고, 유사 사고를 방지하기 위해 혼합기와 함께 파쇄기·분쇄기를 안전검사 대상에 포함했다.

파쇄기 또는 분쇄기가 안전검사 대상에 추가된 것은 반복되는 끼임사고를 예방하기 위한 직접적이고 강력한 조치이며, 특히 ○○○ 사고를 계기로 식품 제조 현장의 안전관리 사각지대를 해소하기 위한 정책적 결정이라고 할 수 있다.

지금까지 기술한 안전검사 관련 내용에 대해 일부는 동의한다. 궁금한 게 있다. 해당 기계들을 잘 관리하고 지금까지 문제가 없었던 기업들이 다수다. 안전검사로 인한 비용이 발생한다.

안전검사는 기계·기구 자체의 안전성을 주기적으로 확인하고 점검하는 제도다. 하지만 사고의 원인은 기계적인 결함뿐만이 아니다.

중대재해 발생 원인 중 기계·기구 자체의 안전성 결함이 차지하는 정확한 비율을 단정하기는 어렵다. 일반적으로 산업재해에서 인적 요인이 약 80%를 차지하고, 기계적 결함이 약 20%를 차지한다는 통계가 널리 인용된다.

엄밀히 따지면 기계적 결함은 생산과정의 중단으로 이어지므로 장시간 방치할 수가 없다. 안전검사 안 해도 기업에서 보수할 수밖에 없는 요소다. 문제는 방호장치다. 해체된 상태로 생산활동을 하는 경우다.

2026년부터 추가되는 혼합기, 파쇄기 또는 분쇄기의 경우 사업장에 설치된 날로부터 3년 이내에 최초 검사를 받고, 그 이후에는 2년마다 정기검사를 받는다.

길게는 3년, 짧게는 2년 동안 방호장치를 해체한 상태로 가동할 수 있다. 정기검사의 실효성이 얼마나 되는지 고민해 봐야 한다. 더욱이 현재까지 아무런 문제없이 가동을 시행하고 있는 대부분 업체의 비용 증가는 전혀 고려하지 않는 일방주의적 발상이다.

현재 안전검사 대상인 기계·기구에 대해서도 대상 기계·기구별 사고 발생 건수를 관리해 정기검사의 실효성에 대한 검토가 병행되어야 한다.

결과에 반응해 안전점검 대상 기계를 추가하기보다는 무작위로 사업장 진단을 하는 과정에서 안전장치가 누락되었을 경우 강력한 규제를 하는 것이 사고예방에 효과가 높다.

아니면 안전검사 대상을 사고를 유발한 기업에 한정시키고 점검주기를 단축하는 것도 대안이 될 수 있다.

말뚝 박는 사람은 많은데, 박힌 말뚝 빼내는 사람은 보이지 않는다. 책임의식 부재가 만들어 놓은 관리문화다. 기업의 대관업무 비중 좀 줄여 주면 좋겠다. 안전관리에 좀 더 할애할 수 있게.

12
인공지능

인공지능이 대세다. 승자독식의 세상이다. 기술발전에 참여하지 못하는 대부분의 사람들에게 AI(Artificial Intelligence)는 경제적 수단을 위협하는 장벽으로 작용하고 있다.

얼마 전 나라장터 입찰공고 목록을 확인했다. ○○기관에서 등록한 '안전보건관리체계 고도화 컨설팅 용역'이 올라와 있었다. 내용이 궁금해 과업지시서를 들여다보았다. AI 관련 과제가 있었다. 과업지시서에 기록된 내용을 그대로 옮겨 보았다.

[AI 기반 안전보건 중·장기 로드맵 수립 및 과제 제안]

- 안전보건 분야 최신 AI 기술 및 활용사례 조사·분석을 통해 기술원 주요업무에 적용될 수 있는 사항 발굴
- 기술원 업무 특성을 고려한 AI 기반 안전보건관리 중장기 로드맵 (단계별 추진 전략) 수립
- 향후 적용 가능한 후속 과제 제안(AI 기반 위험성평가 시스템, AI 적용 작업 전 안전점검표 시스템, 현장 데이터 자동수집 및 분석 체계 등)

신선했다. 과업을 독립적으로 수행할 수 있는 안전관리전문기관이 있을까. 결국 AI를 활용할 수밖에 없겠다는 생각이 들었다.

무료 버전의 AI에게 물어보았다. 'AI 기반 안전보건관리 중장기 로드맵 수립'에 대해. 참고로 내용을 공유해 본다.

AI 기반 안전보건관리 중장기 로드맵

AI 기반 안전보건관리의 중장기 로드맵을 포괄적으로 제시했습니다. 이 로드맵은 2025년부터 2035년까지 3단계로 구성되어 있으며, 각 단계별 핵심 과제와 목표를 명확히 설정했습니다.

주요 특징은 다음과 같습니다.

체계적 단계별 접근: 기반 구축 → 고도화 → 완성의 단계별 발전 전략을 통해 안정적이고 지속 가능한 발전을 추진합니다.

기술 융합: AI, IoT, 빅데이터, VR/AR 등 4차 산업혁명 핵심 기술들을 안전보건 분야에 효과적으로 접목시킵니다.

현실적 목표 설정: 각 단계별로 달성 가능한 구체적인 성과 지표를 제시해 실행력을 높였습니다.

종합적 생태계 구축: 기술 개발뿐만 아니라 법제도, 인력 양성, 국제협력

등 필요한 모든 요소를 포괄합니다.

이 로드맵을 바탕으로 체계적이고 단계적인 AI 기반 안전보건관리 체계 구축이 가능할 것입니다. 특정 분야나 단계에 대해 더 자세한 설명이 필요하시면 말씀해 주세요.

① 로드맵 개요

비전

스마트 기술과 AI를 활용한 예방 중심의 안전보건관리 체계 구축을 통해 산업재해 Zero 달성

목표

단기(2025-2027): AI 기반 안전보건관리 기반 구축

중기(2028-2030): AI 시스템 고도화 및 확산

장기(2031-2035): 완전 자율화된 안전보건관리 생태계 완성

② 단계별 추진 계획

1단계: 기반 구축기(2025-2027), 핵심 과제

데이터 인프라 구축

- 안전보건 빅데이터 수집·저장 시스템 구축
- 표준화된 데이터 포맷 및 API 개발
- 산업별 안전보건 데이터베이스 구축
- 기본 AI 모델 개발
- 위험 요인 자동 인식 AI 모델 개발
- 사고 예측 알고리즘 구축
- 개인보호구 착용 감지 시스템

법제도 정비
- AI 안전보건관리 관련 법령 개정
- 데이터 활용 가이드라인 제정
- AI 시스템 인증 체계 구축

주요 성과 지표
- 안전보건 데이터 표준화율: 70%
- AI 기반 위험 탐지 정확도: 85%
- 시범사업 참여 기업: 1000개사

2 단계: 고도화기(2028-2030), 핵심 과제

고도화된 AI 시스템 구축
- 실시간 위험상황 분석 및 대응 시스템
- 예측 정비(Predictive Maintenance) 플랫폼
- VR/AR 기반 안전교육 시스템

산업별 특화 솔루션
- 제조업 특화 AI 안전관리 시스템
- 건설업 스마트 안전관리 플랫폼
- 화학·석유화학 지능형 공정안전관리

생태계 확산
- 중소기업 AI 안전관리 지원 프로그램
- 안전보건 AI 전문인력 양성
- 국제협력 및 기술 표준화

주요 성과 지표
- AI 기반 사고 예측 정확도: 95%
- 전체 사업장 AI 도입률: 30%
- 산업재해율 50% 감소

3단계: 완성기(2031-2035), 핵심 과제

완전 자율화 시스템
- 자율 안전관리 로봇 시스템
- AI 기반 완전 무인 안전점검
- 통합 안전보건 관제 플랫폼

글로벌 리더십
- 한국형 AI 안전관리 모델 수출

- 국제 안전보건 AI 표준 주도
- 글로벌 안전보건 플랫폼 구축

사회적 안전망
- AI 기반 국가 안전보건 통합관리
- 시민 참여형 안전관리 시스템
- 안전보건 복지 서비스 고도화

주요 성과 지표
- 완전 자율화 사업장 비율: 50%
- 글로벌 AI 안전관리 시장 점유율: 20%
- 산업재해 Zero 달성

③ 핵심 기술 분야

AI/ML 기술
- 컴퓨터 비전: 위험상황 실시간 감지
- 자연어 처리: 안전보건 문서 자동 분석
- 예측 분석: 사고 및 질병 발생 예측
- 강화학습: 최적 안전관리 전략 도출

데이터 기술
- IoT 센서: 작업환경 실시간 모니터링

- 빅데이터: 대용량 안전보건 데이터 처리
- 블록체인: 안전보건 이력 관리
- 디지털 트윈: 가상 안전 시뮬레이션

실감 기술
- VR/AR: 몰입형 안전교육 및 훈련
- 홀로그램: 3D 안전 가이드 제공
- 메타버스: 가상 안전관리 플랫폼

④ 추진 전략, 정부 주도형 추진

정책 지원
- AI 안전보건관리 특별법 제정
- 국가 안전보건 AI 마스터플랜 수립
- 관련 부처 간 협업 체계 구축

예산 지원
- 연간 1조원 규모 투자 계획
- 기업 AI 도입 세제 혜택
- 중소기업 지원 프로그램

민관 협력 생태계 산학연 협력
- AI 안전보건 연구센터 설립

- 대학-기업 공동연구 프로그램
- 기술 실증 테스트베드 구축

국제 협력
- 글로벌 AI 안전보건 얼라이언스 참여
- 선진국 기술 벤치마킹
- 개발도상국 기술 지원

⑤ 기대 효과

경제적 효과
- 비용 절감: 산업재해 비용 연간 20조원 절감
- 생산성 향상: AI 기반 효율적 안전관리로 15% 생산성 증대
- 신산업 창출: AI 안전보건 산업 50조원 규모 시장 형성

사회적 효과
- 생명 보호: 연간 산업재해 사망자 90% 감소
- 건강 증진: 직업병 발생률 80% 감소
- 삶의 질: 안전한 일터 환경 조성

기술적 효과
- 기술 주도권: 글로벌 AI 안전관리 기술 리더십 확보
- 표준화: 국제 AI 안전보건 표준 선도

- 혁신 생태계: AI 기반 안전보건 스타트업 1000개사 육성

⑥ 위험 요소 및 대응 방안

기술적 위험
- AI 오작동: 다중 검증 시스템 구축
- 사이버 보안: 블록체인 기반 보안 체계
- 데이터 품질: 데이터 검증 표준 수립

사회적 위험
- 일자리 변화: 재교육 프로그램 강화
- 프라이버시: 개인정보보호 법제도 정비
- 디지털 격차: 중소기업 지원 확대

제도적 위험
- 규제 지연: 샌드박스 제도 활용
- 예산 부족: 민간투자 유치 활성화
- 국제 경쟁: 기술 혁신 가속화

⑦ 성공 요인

기술적 요인

- 핵심 AI 기술의 지속적 혁신
- 산업 현장 적용 가능한 실용적 솔루션 개발
- 안정적이고 확장 가능한 플랫폼 구축

정책적 요인
- 일관성 있는 정부 정책 추진
- 적절한 규제와 지원의 균형
- 국제적 협력과 표준화 참여

사회적 요인
- 기업과 근로자의 적극적 참여
- 안전 문화의 사회적 확산
- 지속 가능한 생태계 조성

이상 AI의 답변이다. 방대하다. 단순한 안전관리만의 영역이 아니다. K-Safety를 구현시킬 수 있는 모든 요인들이 총망라되어 있다. 주요 성과지표의 수치까지 제시해 준다.

내용 중 일부는 현재 산업현장에 적용되는 기술도 있고, 외국인의 증가, 고령 인력의 증가 과정에서 나타날 수 있는 위험 요인에 대해 중장기적으로 효과를 볼 수 있겠다는 내용들도 눈에 띈다.

AI가 제시한 내용을 체계적으로 실행한다면 안전관리자에 의해 관리되고 통제되던 산업현장의 모습이 어느 순간 한편의 추억으로 남을 것 같다.

사고 발생률이 높은 건설현장의 경우 AI 기술이 적용되면 모든 근로자들이 산업재해를 예방한다는 수단으로 시스템의 감시와 통제 속에서 업무를 수행하게 될 것으로 보인다.

'만물의 영장'이라는 표현을 통해 인간은 다른 생명체보다 지적·영적·문화적으로 우월하다는 철학적 사상이 AI에 의해 서서히 막을 내릴 수 있겠다는 씁쓸함이 다가온다.

근본적으로 안전관리의 직접적인 대상은 근로자이다. 산업현장에서 경제활동을 수행하는 근로자들을 위험 요인으로부터 보호하고 건강한 몸으로 경제활동에 참여하게 하는 것이다.

안전관리를 시행하는 목적은 단순하고 심플해야 한다. 관리의 주체가 인간인 경우에 해당하는 말이다. AI는 다르다. 굉장히 복잡한 내용을 상당히 심플하게 처리한다.

과업지시서 중 AI를 활용한 안전관리 중장기 로드맵을 적시한 해당기관의 현재의 안전관리 수준이 궁금하다. 그들이 AI를 통해 기대하는 안전관리의 내용은 어떤 것일까.

현재 대한민국의 안전관리 수준을 고려할 때 특정 공공기관에서 AI가 만들어 쏟아내는 안전관리의 시스템을 수용하고 유지할 수 있는 역량이

뒷받침될 수 있을까. 많은 의문이 생겼다.

위험성평가는 구성원들이 조직의 위험 요인을 발굴해 평가하고, 대책을 수립해 안전한 일터를 만들어 내는 활동이다. 이를 위해 필요한 것은 구성원의 전원 참여와 공감이다.

현장의 기본적인 여건이 갖추어지지 않은 상태에서 AI기술을 응용한 위험성평가나 안전관리 활동은 몸에 맞지 않는 옷을 걸치는 격이다. 결국 옷은 버려지게 되어 있다.

과거 자료의 학습을 통해 의견을 제시하는 것이 AI다. 맹목적인 수용보다는 우리 현실에 맞게 보완해 활용해야 한다.

13
안전교육

후회와 망각은 밀접한 관계다. 인간에게 후회는 과거의 실수가 불러오는 자연적인 현상이다. 망각은 후회를 불러온 사건의 기억으로부터 벗어나 현재에 집중할 수 있게 하는 심리적 방어기제[28]다.

안전사고는 피해자 관점에서 '후회'는 단순히 부정적인 감정에 그치지 않고, 미래의 행동을 변화시키는 동기가 될 수 있다. '다시는 같은 실수를 반복하지 않겠다'는 예방의지를 강화시킨다. 여기서 끝내면 안 된다. 재발 방지를 위한 공유의 과정이 필요하다.

안전교육은 후회를 교훈으로 바꿀 수 있는 중요한 수단이다. 누군가의 후회에 대한 공감의 과정이다. 리프레시가 아니다.

교육기관을 운영하는 지인의 경험담이다. 안전교육 하면서 효과를 높이기 위해 교육생에게 집중할 것을 요구했는데 며칠 후 교육을 보냈던 회사 담당자로부터 연락이 왔다.

---

[28] 방어기제는 불안, 죄책감, 수치심 같은 불쾌한 감정으로부터 자아를 보호하기 위해 무의식적으로 사용하는 심리적 전략이다. 방어기제는 오스트리아의 정신분석학자 지그문트 프로이트가 처음 제안했으며, 그의 딸 안나 프로이트에 의해 더욱 발전되었다.

"대표님! 그렇게 하시면 직원들 못 보냅니다."

기관 운영을 시작한 지 몇 달 되지 않은 시점이다. 의욕이 현실에 부딪친 경험담이었다.

외부강의를 하고 있는 필자의 입장에서도 강의를 들으시는 분들에 대한 교육 효과를 어떻게 높일 수 있을 것인가에 대한 고민이 따라다닌다.
강하면 부러진다. 강사에 대한 설문조사 결과에 반영된다. 약하면 잠잔다. 교육생의 바람대로 리프레시다. 강사 입장에서는 모든 분이 고객이다.

강의를 시작하기 전에 물어본다.
"강의 중에 옆에 동료분 주무시면 어떻게 하실 겁니까?"
첫 만남의 서먹함에 반응은 미지근하다.
"깨우지 말고 같이 주무세요."
빵 터진다.

교육효과는 교육의 목적, 내용, 방법이 유기적으로 연결되고, 강사, 교육생, 환경 등 다양한 요소가 조화를 이룰 때 높게 나타난다. 안전교육에도 부합되는 말이다.

여기서 목적은 정해져 있다. 내용도 별반 다르지 않다. 매년 유사한 내용의 반복이다. 교육생? 평생 교육받을 만큼 받은 사람들이다. 이쯤 되면 환경은 물어보지 않아도 된다. 안전교육은 리프레시가 맞다. 그들에게는 반복되는 일상의 탈출이다.

안전교육의 목적과 리프레시 사이의 간극을 어떻게 대처해야 할 것인가를 결정하는 것이 '방법'이다. 강사의 몫이다.

강사에게는 적게는 두 시간, 많게는 여덟 시간이 배정되어 있다. 강사 개인적으로는 적은 시간으로 보일 수 있겠지만, 업무를 미루고 교육을 받기 위해 오신 분들의 근무시간을 합산하면 상당히 많은 시간이다.

기업 입장에서 안전교육은 투자다. 투자효과 산출의 근거는 강사개인의 시간이 아닌 안전교육을 받는 분들의 합산된 시간이다.
필자에게 남을 웃기는 재주는 없다. 합산된 시간에 대한 가치를 전달하기 위해 필자는 열정에 올인한다.

기술력의 진화가 인간의 영역을 대체한다고 해도 기술 제어의 주체는 인간이다. 산업현장에서 안전사고는 없어지지 않는다.
안전교육의 중요성은 계속 강조될 수밖에 없다. 교육의 효과를 높이기 위한 모두의 관심과 지속적인 노력이 필요하다.

14
사다리

기업을 방문해 위험성평가 지도를 위한 현장안전점검을 할 때마다 구석에 방치되어 있는 A형 사다리를 흔하게 본다. 크기도 여러 가지다. 먼지가 쌓여 있는 것도 있고, 미끄럼방지 장치가 떨어져 없어진 것도 있다.

지나가면서 한마디씩 던진다.
"안 쓰면 갖다 버리세요. 놔두면 누군가 가져다 쓰다 넘어지면 중대산업재해로 이어질 수 있습니다. 필요하다고 생각되면 사용할 때 단독 사용 금지하시고요."

주의사항은 전달하는데 위험성평가 추가 항목으로 권고하지는 않는다. 지금까지 안전점검과 지도활동을 다니면서 사다리 사고의 위험성을 모르고 있는 사람은 보지 못했다.

작년 봄 경남 지역에 있는 자동차 부품 업체를 방문했다. 위험성평가를 지도하는 과정에서 대표이사와 이야기를 나누었다. 사다리에 대한 경험담이었다.

A형 사다리를 이용해 4m 높이에서 작업을 하고 있었는데 A자 형태를 유지시켜 주는 고정부분이 파손되면서 양 옆으로 벌어지는 사다리와 함께 양다리가 벌어진 상태로 바닥에 주저앉았다. 몸이 정상으로 돌아오기까지 수개월이 걸렸다고 했다.

최근 5년간의 통계에 따르면, 사다리 사용 중 발생한 중대산업재해자는 200명 이상으로 보고되었다. 이는 전체 중대재해 중에서도 '추락' 유형의 사고에서 사다리가 주요 위험 요인으로 지목되고 있다는 점에서 의미가 크다.

이 수치는 전체 중대재해 중 사다리 관련 사고가 차지하는 정확한 비율은 아니지만, 고용노동부와 안전보건공단이 사다리 위험 요인을 집중 점검 대상으로 삼고 있다는 점에서 그 심각성이 강조되고 있다.

대부분의 사고는 1~2m 높이에서 발생했으며, 사다리에서 발을 헛디디거나 사다리 자체가 파손·미끄러짐으로 인해 추락하는 경우가 많았다.

특히 이동식 사다리를 사용할 경우, 안전모와 안전대 착용, 평탄하고 견고한 바닥 설치, 사다리 지지 등의 안전수칙 준수가 필수지만 소규모 현장의 경우 이를 지키고 작업하는 경우는 거의 없다고 보아도 무방할 것으로 본다. 사다리 안전사고에 대한 위험성은 사용의 간편성과 편리성에 묻혀 버리는 경우가 많다.

사다리 사고가 산업안전 제도권 내에서 발생했는지, 또는 제도권 밖에서 발생했는지에 대한 구체적인 비율은 나와 있는 자료가 없지만 추정을 해 보면 제도권 밖에서 발생하는 사다리 사고 비율이 높을 것으로 보인다.

사다리 사용 중 추락에 의해 중대산업재해로 이어질 수 있는 사고를 방지하기 위해서는 제도권 밖의 대상자들에 대한 지도 및 교육이 필요하다. 개인 주택이나 공공기관 등 건물관리, 조경을 위한 전지작업 과정에서도 A형 사다리의 사용 빈도수가 높다.

얼마 전 프로야구 경기를 시청하는 과정에 고용노동부에서 추진하고 있는 '안전한 일터 만들기' 배너 광고가 올라 오는 것을 보았다. 안전을 업으로 하는 사람의 입장에서 신선했다. 기존의 프레임을 벗어나 보려는 시도로 보였다.

산업현장뿐만 아니라 일상 속에서 사용 빈도수가 많고 중대산업재해의 기인물로 작용한 실사례가 많은 도구나 기구에 대해서는 정부 부처, 산하기관 간 협의를 통해 많은 사람들이 위험 요인을 알 수 있도록 해야 한다.

안전사고 예방의 완성은 문화다. 문화에는 협의와 통합의 오랜 시간이 필요하다. 2025년의 산업재해율이 20년 전과 크게 다르지 않는 상황은 우리들의 의식 속에 안전이라는 문화가 아직 내재되어 있지 않다는 의미다.

15
안전관리 위탁

안전관리위탁제도는 일정 규모 이상의 사업장에서 자체적으로 안전관리자를 직접 선임하기 어려운 경우, 안전관리전문기관에 안전관리 업무를 위탁해 산업재해 예방과 법적 의무 이행을 동시에 충족시키기 위한 제도적 장치다.

「산업안전보건법」 제17조 및 시행령 관련 조항에 근거해 시행된다. 위탁 대상은 상시근로자 50인 이상을 고용한 사업장 또는 상시근로자 20인 이상의 제조업 사업장을 법적으로 안전관리자(안전보건관리담당자)를 선임해야 할 의무가 있다.

이 기준에 해당하는 사업장 중 자체적으로 안전관리자를 두는 대신 고용노동부장관이 지정한 안전관리전문기관에 그 업무를 위탁할 수 있다.

위탁제도 운영 장점은 전문기관의 기술력과 경험을 활용한 전문성 확보, 전담인력 채용대비 비용 절감 효과, 법적 의무이행 지원을 통한 법령 준수에 도움 등을 들 수 있다.

위탁을 의뢰한 기업의 입장에서 유의할 사항은 위탁을 하더라도 산업재해 발생 시 사업주가 책임을 질 수 있으며, 상주인력이 아니므로 즉각적인 대응이 제한적일 수 있다는 점을 알고 있어야 한다.

안전관리전문기관을 운영하면서 아직까지 기업과 정식적인 위탁계약을 체결해 본 경험이 없다.

현재 공공기관 한곳을 2년째 안전지도 및 관리를 하고 있지만 해당 공공기관이 안전관리자 선임 의무가 없어 법적 대상이 아닌 관계로 컨설팅 계약을 통해 안전관리 전반에 대한 지원을 하고 있다.

위탁업무가 아닌 위험성평가 지도, 안전보건체계구축, 소방점검을 위해 여러 중소기업을 방문했다.

그중 대부분의 기업이 현재 위탁제도를 이용해 안전관리를 하고 있었다. 전기, 소방분야도 각각 별도로 전문 업체를 지정해 관리를 일임하고 있었다.

표면적으로는 법을 준수하고 있다. 안전사고가 일어나기 전까지는 위탁제도 운영 과정에 대한 기업의 관심도가 높지 않다.

정해진 기간에 주기적으로 회사를 방문해 현장을 점검하고 담당자의 서명을 받아 제출되는 보고서에 관심을 가지고 보완작업을 실시하는 기업을 만나기는 쉽지 않다.

위탁업체도 부적합 사항에 대한 적극적인 보완을 요구하는 목소리는 내지 않는다. 보고서에 담아 놓으면 끝이다. 반복되는 일상이다.

간혹 방문하는 기업 생산설비나 위험물질들의 유지관리 상태가 눈에 띄게 문제가 있을 경우 위탁업체가 안전점검 후 제출한 부적합보고서를 요청해 들여다본다.

필자의 관점과 위탁업체 점검자의 위험을 판단하는 기준이 다른지, 잠재위험 포인트를 찾아내지 못한 것인지 모르겠다. 보고서에서 내 눈에 들어온 잠재된 위험 요인들을 확인하지 못하는 경우가 많이 있었다.

산업안전지도사 자격 취득자에 대해 14주의 연수교육을 수료하면 고용노동부에서 개인 또는 법인에게 안전관리전문기관 허가를 내준다. 기업체들의 위탁 업무가 주가 되어야 한다. 현실은 차갑다. 기존의 박힌 돌을 빼내는 것이 쉬운 일은 아니다.

안전관리기관들 간 위탁기업유치를 위한 경쟁요소가 질(質)이 아닌 비용이 된 지 오래다. 기업의 자율적 선택이다. 일어나지 않은 미래의 안전사고 예방을 위해 눈앞의 낮은 비용을 포기하는 기업은 없다.

개인이 운영하는 전문기관도 매년 기관평가를 받고 있다. 안전 컨설팅이나 안전강의, 현장 안전점검의 활동 실적은 필요 없다. 안전관리 위탁실적이 없으면 평가대상도 아니다.

평가기관 담당자에게 절차적 근거는 중요하다. 공문을 통해 'D'를 확인시킨다. 시간이 흐를수록 기회의 문을 열기가 어렵다. 관심 밖으로 멀어진다. 살아남기 위해 본연의 업무를 포기하는 방향으로 흐른다.

위탁을 통해 안전관리를 대행하고 있는 기업에서 중대산업재해가 발생할 경우 위탁기관도 일정한 책임에서 자유로울 수 없다.

위탁기관이 안전관리 의무를 소홀히 해 중대재해에 영향을 준 경우, 영업정지, 과태료, 등록 취소 등의 행정처분 대상이 될 수 있다.

안전보건관리체계를 구축하지 않거나, 위험 요인을 방치해 중대재해를 유발한 경우, 「중대재해처벌법」에 따라 형사처벌도 가능하다.

기업이 위탁기관을 상대로 손해배상 청구도 가능하다. 지방자치단체나 공공기관의 경우, 수급업체 안전보건 수준 평가 결과가 공개되어, 낮은 평가 시 재계약 제한을 받을 수 있다.

모두가 결과에 대한 페널티다. 예방을 목적으로 해야 하는 안전관리와는 결이 다르다. 위탁업무제도 시행의 실효적 효과를 높여 안전사고를 예방하기 위해서는 안전기관의 책임의식을 통한 부적합사항에 대한 정상화 요구, 기업 담당자의 위탁업무 진행 및 결과에 대한 관심과 이행 노력이 병행되어야 한다.

고인 물을 관리하기 위해서는 새로운 물을 받아 기존의 물을 내보내야 한다. 이해 집단 간의 대립을 야기시킬 수 있는 표현이다. 해결 방안은 본질추구다.

안전관리위탁제도 운영이 추구하는 목적은 명확하다. 중소규모 기업의 안전관리자 채용에 대한 비용부담을 경감시켜 주고, 산업재해 예방에 실효적인 효과를 보기 위한 것이다.

선택의 키는 기업이 가지고 있다. 필자의 현장경험을 고려할 때 3년 정도의 주기성을 두고 위탁업체를 교체해 보는 것도 회사 안전사고 예방 차원에서 좋은 선택지가 될 수 있다.

위탁대행 업무 참여에 기회를 찾기 어려운 개인이 운영하는 안전관리전문기관을 고려해 보는 것도 권고드린다. 대표가 직접 방문한다. 업무의 품질이 다를 수 있다.

16
LOTO

근본적 관점에서 접근하는 안전관리 제도 중 하나가 LOTO[29]다. 감전사고를 포함해 비정상작업 중 전원 미차단 과정에서 발생할 수 있는 기계장치의 오작동에 의한 끼임(협착)등의 중대산업재해 예방을 위해 기업에 도입이 필요한 중요한 안전절차다.

LOTO의 핵심 목적은 기계장치의 불시 기동 방지, 다른 작업자의 임의 가동차단을 통해 보수작업 중인 근로자의 신체를 보호하기 위함이다.

제조업에서 발생한 '끼임' 사망사고 중 57%가 비정형 작업 중 발생했고 매년 40명 이상의 재해 사망자가 발생할 만큼 위험성이 높아 LOTO 절차를 지키는 것만으로도 대형 사고를 예방할 수 있다.

LOTO 절차의 기본 단계를 보면 기계장치의 에너지 공급 차단. 잠금장치(Padlock) 설치, 경고표지(위험꼬리표) 부착, 작업 완료 후 잠금 해제 및 재가동 절차로 진행하면 된다.

---

[29] 산업안전에서 매우 중요한 개념으로, Lock-Out, Tag-Out의 약자. 이는 작업자가 기계나 설비를 정비하거나 청소할 때 예기치 않은 작동이나 에너지 방출을 방지하기 위한 안전 절차

LOTO는 단순한 규칙이 아니라, 작업자의 생명을 지키는 방패다. 특히 여러 명이 동시에 작업할 경우, 하스프(HASP)[30] 같은 그룹 잠금장치를 사용해 모든 작업자가 작업을 종료해야만 잠금 해제가 가능하도록 설계되어 있는 안전장치도 있다.

50인 이하 중소기업에서 LOTO 절차를 운영하고 있는 기업의 비율은 공개된 통계 자료의 부족으로 정확히 알 수가 없다.

개인적인 경험으로 2024년 4월부터 2025년 6월까지 36개 50인 이하 소규모 기업을 방문했다. 목적은 안전 및 소방진단이었다.
방문했던 대부분의 기업이 LOTO 절차를 공식적으로 운영하지 않거나, 절차만 만들어 놓고 운영은 하고 있지 않는 것을 직접 확인했다.

2024년 고용노동부 발표 산업재해 통계기준을 보면 사고 사망자 중 약 43.7%가 5~49인 사업장에서 발생한 것으로 발표되었다. 그중 고령자인 60세 이상 근로자와 중소규모 사업장의 재해 발생률이 높은 것으로 나타났다.

2020년 한국기업혁신조사(STEPI)에 따르면, 10~49인 규모의 제조업체는 총 4만 2985개로 집계되었다. 전체 제조업체 수 5만 785개 중 약 84.6%를 차지하는 수치다.

대한민국 산업현장의 중대산업재해 예방을 위해서는 50인 이하 기업에

---

[30] 하스프는 LOTO(Lock-Out, Tag-Out) 시스템에서 사용되는 그룹 잠금장치입니다. 하나의 에너지 제어 지점에 여러 명의 작업자가 동시에 작업할 때, 모든 작업자가 자신의 패드락을 걸어야만 해당 장비가 다시 작동할 수 있도록 설계된 장치

대한 선택적 관리와 집중이 필요하다는 것은 모두가 알고 있다.

비정형작업을 대상으로 LOTO를 운영하면 일정 부분 중대산업재해를 예방할 수 있다는 사실도 알려져 있다. 문제는 50인 이하 기업에서 LOTO 절차를 도입하는 경우가 적다는 것이다.

사회적으로 안전에 대한 이슈가 확산되고 있는 시점임에도 불구하고 LOTO 운영 절차를 도입하고 있지 않는 이유는 무엇인가.

안전을 목적으로 하는 시스템과 제도를 두고 좋다 안 좋다에 대한 결정을 시스템과 제도를 만든 주체가 내릴 수 없다. 적용되는 현장의 수용성을 바탕으로 실행의 결과물이 긍정적으로 나타날 때 자동적으로 따라 오는 것이다.

50인 미만 중소기업에 LOTO의 수용력이 낮은 이유는 단순하다. 돈이 없고, 시간이 없다는 것은 표면적인 이유다. 솔직히 필요성을 느끼지 못하는 경우가 많다.

비정형작업 중 발생하는 끼임 등에 의한 중대사고가 우리 회사는 없었다. 그들에게는 과거의 실적이 미래의 결과물로 이어질 수 있다는 근거 없는 암묵적 자신감이 내재되어 있다.

생산, 품질 다음에 안전이기 때문이다. 경제확장기 사업을 이어 오시는 분들 중 기존 관성의 영향으로 변화의 흐름에 둔감하신 분들의 영향력이 일부 남아 있다.

현장의 목소리는 조금 다르다. 10여 년 전과 비교하면 많이 변했다고 한다. 단순히 LOTO의 도입과 실행절차에 국한된 문제는 아니다.

올여름 대기업 산하 협력사를 대상으로 상생 협력컨설팅을 수행했다. 협력사중 모기업의 저압모터 보수를 전담하는 회사다. 사업소 인원은 소장을 포함해 7명이었다.

업의 특성상 감전사고나 회전체 말림, 중량물 취급 등 다양한 잠재위험요인이 있을 수 있는데 사업소 개소 후 13년이 지나도록 무재해를 유지하고 있었다. 현장 업무를 진두지휘하고 있는 관리감독자에게 이유를 물어보았다.

기본적으로 자기는 모기업에서 시행하고 있는 LOTO를 믿지 않는다고 했다. 그들도 사람이기 때문에 실수를 할 수 있다는 것이다.

MCC[31] 공간의 경우 동일한 모양의 제어 캐비닛 수백 개가 배치되어 있어 작업모터와 다른 곳의 파워를 내릴 수도 있고, 커뮤니케이션 과정에서 자체 누락도 발생할 수 있는 가능성이 항상 존재할 수 있다고 했다.

이런 상황을 대비해 항상 작업 시작 전 보수작업 대상인 모터의 파워가 내려가 있는지 아래 직원을 MCC로 보내 확인하는 절차를 지키고 있다고

---

[31] Motor Control Center의 약어로 - 산업현장에서 여러 개의 모터를 집중적으로 제어, 보호, 관리하는 장치가 모여 있는 장소

했다.

확인이 끝나면 2차로 현장에서 해당 모터의 기동버튼을 눌러 회전 여부를 확인한 후 이상이 없을 경우 기동버튼에 고정핀 설치한 후 작업을 시작하는 것을 철칙으로 지킨다고 했다.

우리 작업에 맞고 구성원 모두가 인정한 안전절차가 있고, 과정의 결과물이 있다면 감전사고, 끼임, 협착사고 예방을 위해 꼭 LOTO를 고집할 필요는 없다.

안전은 철학이다. 본질적으로 접근하면 예방대책은 심플해야 한다. 안전 관련 하나의 규정만 완벽하게 이행하고 준수하는 습성이 몸에 배게 할 수 있다면 모든 사고는 예방할 수 있다.

기업도 마찬가지다. 골든룰 10개를 한 번에 이행하려는 노력보다는 1년에 한 가지씩 10년 동안 10개를 확실히 지킬 수 있게 하는 관리의 선택과 집중이 필요하다.

산업과 업종, 환경, 취급하는 기계장치와 물질 등의 다양성을 감안할 때 중대산업재해의 분류 결과를 보면 유사한 내용의 반복이다. 다양성과는 분명 거리가 있다.

안전사고 예방을 위한 모든 시작의 근본은 심플함에서 접근하려는 노력이 우선되어야 한다. 절차나 과정의 복잡함은 현장의 수용성을 떨어뜨린다.

PART III.

기업

기업 안전관리 활동의 성공여부는 어떻게 **전원 참여**를 유도할 것인가에 달려 있다.

1
기업의 역할

　기업의 중심에는 사람이 있다. 모든 것의 시작과 끝은 사람이다. 기업활동은 경영책임자의 의지와 리더십에서 출발한다. 경영진의 분명한 메시지가 현장에서 결과로 나타날 수 있어야 한다.

　사업장에서 중대산업재해가 발생하는 기업의 미래는 닫혀 있다. 기업의 성패를 결정하는 것은 대표이사의 전략이 아니다. 제품이나 서비스를 선택하는 소비자임을 인지해야 한다.

　제품을 매개로 근로자와 소비자의 건강한 관계를 지속시키는 것이 기업이 추구하는 안전관리 목표가 되어야 한다.
　기업의 안전관리를 소비자가 지켜보고 있다. 제품을 생산하는 과정에서 근로자의 안전이 확보되지 않으면 소비자에게 유용한 만족감[32]을 줄 수 없다.

　안전보건체계를 구축하고, 위험성평가를 통해 사업장의 안전을 확보하는

---

[32] '유용한 만족감'은 특정 제품, 서비스, 또는 경험을 통해 사용자가 느끼는 만족감이 그들의 삶이나 목표에 실질적으로 긍정적인 영향을 미치는 상태를 의미한다.

것은 안전관리의 일부분이다. 의무를 이행했다고 결과로 나타나지는 않는다. 지속적인 실행이 있어야 한다.

중대산업재해가 발생하는 기업들은 근로자, 생산제품, 소비자의 연결고리에서 안전 관리의 부재, 하청구조의 문제, 기업 문화의 결함 등의 특징을 보인다.
이러한 문제들은 단순히 작업 환경의 위험뿐만 아니라, 제품의 안전성과 기업의 신뢰도까지 영향을 미쳐 소비자에게도 피해를 줄 수 있다.

50인 이하 중소기업의 경우 안전관리의 결함요인을 자원의 부족으로 보는 시각은 관점에 따라 다를 수 있다. 직접적인 운영 경험이 없는 필자의 생각이 독자분들의 의견과 다를 수 있다는 점을 밝히고 시작한다.

2021년 1월 26일 「중대재해 처벌 등에 대한 법률」이 제정 공포되었다. 2022년 1월 27일 시행 시 50인 미만 사업장 및 50억 원 미만 공사 현장에는 2년의 유예 기간이 주어졌다.

2024년 1월 27일 5인 이상으로 확대되었다. 중대산업재해 예방 효과가 나타나지 않고 있다. 일부에서는 폐지론까지 논한다. 잘못된 판단이다. 세상을 역행하는 시대착오적 발상이다.

신규로 법 하나 만들었다고 산업현장의 중대산업재해가 줄어드는 효과가 나타나면 얼마나 좋을까? 5년 동안 중대산업재해가 줄지 않았다는 것은 법의 문제가 아니라 사람이 변하지 않았다는 의미다.

산업안전 관련 키워드의 매스컴 노출 빈도수가 증가하고 있다. 현장을 방문해 관계자들의 이야기를 들어 보면 대표님의 안전에 대한 생각이 예전보다 상당히 진일보했다는 말을 자주 듣는다.

이제야 생각이 바뀌기 시작했다. 결과로 나타나려면 시간이 필요하다. 중대산업재해가 발생한 기업보다는 발생하지 않은 기업의 비율이 월등히 높다.

지금까지 발생하지 않았고, 앞으로도 발생할 것이라는 확률적 근거도 없는 상황에서 경영책임자가 중대산업재해 예방을 위해 등한시했던 안전관리를 강화한다는 것은 관련 업무를 하는 사람들의 바람이다.

그들의 머릿속은 아직도 '설마'의 비중이 높다.' 우리 회사에서 중대재해가 발생하겠어?'

경영책임자가 안전관리에 대한 머뭇거림을 보이는 현상은 안전을 투자의 관점으로 보는 시각이 남아 있기 때문이다.
기업에서 돈은 투자의 개념이다. 안전을 투자의 관점으로 본다는 것은 안전을 모른다는 의미다. 경영책임자의 안전에 대한 인식전환이 필요하다.

안전관리의 목적은 안전사고 예방이다. 돈 안 들이고 할 수 있는 방법도 많이 있다. 안전관리는 돈보다는 구성원들의 하고자 하는 의지다.

중대산업재해는 우연의 대상이 아니다. 막아야 하는 필연의 대상이다. 안전한 산업현장을 만들기 위해 기업의 역할이 매우 중요하다.

2
생산, 품질, 안전

기업의 안전관리는 단순히 사고를 예방하기 위한 개별적인 활동이 아니다. 전반적인 시스템에 대한 신뢰성과 일관성을 근간(根幹)으로 한 활동이어야 한다. 생산과 품질은 그 시스템의 핵심 요소이며, 이들이 유기적으로 작동하면 위험 요소가 자연스럽게 줄어든다.

생산활동의 표준화는 작업자의 실수를 줄이고, 예측 가능한 환경을 만든다. 품질관리의 철저함은 부적합품이나 결함으로 인한 사고 가능성을 낮춘다.

2024년 기준 제조업에서 발생한 중대산업재해 146건 중 약 30% 이상이 비정형작업 중에 발생했다.

제조설비의 비정상 상태가 발생하는 원인을 찾아내 줄일 수 있다면 기업의 경쟁력이 높아지고, 품질관리에 영향을 미치는 변동성을 최소화할 수 있다.

자연스럽게 줄어든 비정형 작업으로 인해 중대산업재해 발생 확률이 낮아진다.

품질과 생산에 대한 신뢰는 구성원들에게 심리적 안정감을 주며, 이는 안전행동으로 나타난다.

100% 안전은 없다. 현실적인 대안은 위험을 최소화하기 위한 지속가능한 방법을 모색하는 것이 안전관리의 기본이다. 생산과 품질의 최적화는 안전사고를 감소시킬 수 있는 중요 항목이다. 생산, 품질, 안전은 한 몸통이다.

US Steel의 초대 회장인 E. H. 게리(E.H. Gary)는 산업안전 역사에서 매우 중요한 인물로 평가받는다. 오늘날 우리가 흔히 사용하는 "안전제일(Safety First)"이라는 개념을 처음으로 경영철학에 도입했다.

US Steel은 1901년 설립 당시 약 16만 8000명의 근로자를 고용하며 세계 최대의 철강회사로 출범했다.

1920년대 근로자 수가 25만 명 이상으로 증가했다. 미국 전체 철강산업의 약 60%를 차지했으며, 1940~1950년대 제2차 세계대전과 전후 복구 수요로 인해 고용 근로자가 30만 명 이상을 유지했다.

1912년 미국 노동통계국(BLS)이 발표한 첫 산업재해 보고서에 따르면, 철강산업은 산업재해율이 매우 높은 업종으로 분류되었다.

당시 사고 유형은 끼임, 맞음, 화상, 추락 등으로 대부분은 비정형작업 중 발생했으며, 재해율은 100명당 약 5~6명 수준으로 추정했다. 제시된 재해율을 근거로 계산하면 1만 5000~1만 8000명이 재해를 당했다. 하루 평균

재해자 수가 45명이다.

게리 회장은 안전을 단순한 비용이 아닌 경영성과를 높이는 전략적 투자로 보았다. 1912년 미국 국민안전협회(NSC) 창립에도 기여했다. 그는 안전이 확보되어야 품질과 생산성이 따라온다는 철학을 강조했다.

게리 회장의 안전에 대한 철학을 필자는 온전히 받아들이지 않는다. 100년이 넘는 시간을 거치면서 조금은 "안전제일"의 철학이 확대 해석되지 않았나 하는 생각이 들었다.

US STEEL의 발전 과정은 자동차 산업의 역사와 맞물려 있다. 1903년 헨리 포드가 미시간주 디트로이트에서 포드 모터 컴퍼니를 설립 후 1908년 저렴하고 내구성이 뛰어난 대중적인 모델 T를 출시하면서 대중화를 이끌었다.

1913년에는 세계 최초의 조립라인 생산방식을 도입하며 생산시간 단축, 비용 절감, 가격인하를 무기로 글로벌 시장의 경쟁을 이끌었다.

포드 자동차의 설립 및 확장기(1903~1930년대)는 산업화와 대량생산의 상징이었지만, 동시에 노동자 재해율과 작업환경에 대한 문제도 함께 제기된 시기였다.

세계 최초로 이동식 조립라인을 도입해 생산성을 극대화했지만, 이로 인해 노동자들은 반복적이고 단순한 작업에 장시간 노출되었고, 근골격계 질환과 정신적 스트레스가 증가했다.

당시 미국 산업 전반의 재해율은 매우 높았으며, 포드 공장도 예외는 아니었다. 정확한 수치는 공개된 공식 통계가 부족하지만, 1920년대 포드 공장에서는 기계사고, 화상, 낙상 등의 산업재해가 빈번하게 발생했다고 알려져 있다.

헨리 포드는 이를 일부 인식하고 1914년 하루 8시간 노동과 일당 5달러라는 파격적인 조건을 제시해 노동자 만족도를 높이고, 이직을 줄이려 했다.

극단적인 분업과 반복 작업은 탈숙련화를 초래했고, 노동자들의 창의성과 동기저하로 이어졌다. 1930년대 이후 노동조합의 등장과 함께 포드 공장 내 노동자 권리와 안전문제가 본격적으로 제기되기 시작했다.

1903년 설립 당시 12명으로 시작한 직원은 1908년 T모델 출시시점 수백 명으로 늘었으며, 1914년 조립라인 도입, 하루 5달러 임금시행 후 1만 4000명, 글로벌 확장기인 1920년대 후반에는 10만 명 이상으로 증가했다.

포드자동차의 확장은 미국 철강산업에 매우 깊은 영향을 미쳤다. 특히 20세기 초부터 중반까지 포드의 대량생산 체제는 철강 수요를 폭발적으로 증가시키며 산업전반에 변화를 일으켰다.

포드는 조립 라인 기반의 대량생산을 통해 수백만 대의 차량을 생산하면서 철강을 주요 원자재로 대량 소비했다. 차체, 프레임, 엔진 블록 등 대부분의 부품이 철강으로 제작되었기 때문에, 포드의 생산 확대는 미국 철강업체들의 생산량 증가와 고용확대로 이어졌다.

경제가 급팽창하던 시점과 맞물려 과도한 대중의 주식투자 열풍, 금융버블의 원인으로 1929년 미국에서 시작된 경제대공황(Great Depression)은 1930년 전 세계로 확산되었다.

20세기 초 US STEEL과 포드가 사업을 시작하는 단계에서의 '품질관리'는 산업혁명 이후 생산방식의 변화와 함께 발전해 온 관리기술의 진화 과정에서 프레더릭 테일러(Frederick W. Taylor)의 과학적 관리법 정도가 알려져 있었다.

과학적 관리법의 특징인 작업 표준화와 시간 관리를 통한 생산성 향상과 효율 극대화에서 포드자동차의 컨베이어 시스템이 적용되어 대량생산 혁신으로 이어지는 단계였다.

우리가 알고 있는 '통계적 품질관리'라는 용어의 시작은 1930~1950년대다. 1924년에 벨 전화연구소(Bell Telephone Laboratories)에서 근무하던 월터 슈하트(Walter A. Shewhart)에 의해 현대 품질관리의 기초인 관리도(Control Chart)가 발표되었다.

슈하트는 1931년에『제품 품질의 경제적 관리(Economic Control of Quality of Manufactured Product)』라는 저서를 통해 관리도의 이론과 적용 방법을 체계적으로 정리했다.

이 관리도는 품질 특성의 변동을 시각적으로 분석하고, 공정이 통제 상태에 있는지를 판단하는 데 사용되는 통계적 품질관리(SQC)의 핵심 도구다.

슈하트의 관리도는 이후 데밍(Edward Deming) 등에 의해 일본 품질혁신에 큰 영향을 주었고, 현대 품질관리의 기초가 되었다. 생산현장에서 품질관리의 중요성이 강조되는데 확실한 기여를 한 것은 전쟁[33]이었다.

제조업의 품질관리에서 빼놓을 수 없는 샘플링 검사법(Sampling Inspection)의 이론적 기초는 1930년대에 확립되었으며, 본격적인 발표와 산업적용은 1940년대 초반에 이루어졌다.

지금까지 "안전제일(Safety First)"이라는 개념을 최초로 경영에 도입한 US Steel 게리 회장의 안전에 대한 일반적인 대중의 인식과 필자의 생각과는 차이가 있다는 부분을 설명하기 위해 생산, 품질의 역사를 돌아보았다.
"안전제일"을 처음 주창한 인물이 게리였다는 부분에 대해서는 동의한다.
생산제일, 품질제이, 안전제삼의 경영철학을 안전제일, 생산제이, 품질제삼으로 바꾸고 나서 안전사고가 줄어들고 생산성 향상으로 이어졌다는 일반상식은 마케팅의 편향적인 관점에서 반복된 학습 효과에 기인한 것으로 보인다.

기업경영에 있어 생산, 품질, 안전의 순위가 바뀔 가능성은 없다.

법적규제와 대중의 안전문화에 대한 인식수준이 향상되는 과정에서 살아남기 위한 기업의 본능적 방어기제가 작동되어 나타나는 것을 '안전제일'의 경영을 실천하는 것으로 판단하는 것은 오류다.

---

[33] 제1차 세계대전(1914-1918), 제2차 세계대전(1939-1945)

최근 대기업 건설사 한곳에서 한해에 4건의 중대산업재해가 발생했다. 공식홈페이지를 접속해 보면 안전에 대한 경영방침 만큼은 월드클래스 수준이다.

해당 기업만의 현상이 아니다. 현장과의 작동성이 연계되지 않고 조직문화가 반영되지 않는 외부전문가들의 현존하는 안전 관련 최상의 언어들의 조합으로 디자인과 함께 게시되어 있다. 이것이 현장의 안전관리와 연계되어 결과로 이어질 것이라고 생각하는 사람이 있을지 의문이다.

생산, 품질관리가 완벽하면 기업의 경쟁력이 확보되고 근로자들의 심리적 안정감과 회사에 대한 자부심이 올라간다. 당연히 안전사고 발생 확률은 낮아질 수밖에 없다.

안전에 대한 가치는 무엇과도 바꿀 수 없다는 본질은 변할 수 없다. 본질의 가치를 지키기 위해 어떤 방식으로 접근할 것인가에 대한 액션은 기업이 선택할 문제다.

3
닭과 달걀

'**닭이 먼저냐 달걀이 먼저냐**'라는 **질문**은 아주 오래된 궤변이다. 꼬리에 꼬리를 무는 **순환적 인과론**에 대한 쓸모없는 논쟁을 비꼬는 데 사용돼 왔다.

그렇지만 이 질문은 **진화생물학**에서는 매우 중요한 과학적 질문으로 변한다. 그러나 대부분의 생물학자는 주저하지 않고 **달걀이 먼저**라고 답한다.[34]

산업현장에도 유사한 현상이 회자된다. 불안전한 상태와 불안전한 행동이다. 예를 들어 보자. 작업장에 개구부가 방치되어 있었다. 작업자가 이동 중 개구부에 빠져 상해를 입었다. 사고의 원인을 불안전한 상태로 볼 것인가? 불안전한 행동으로 볼 것인가?

AI의 대답은 작업장에 개구부가 방치되어 발생한 사고는 불안전한 상태와 불안전한 행동이 복합적으로 작용한 결과로 보았다. 하지만, 직접적인 원인을 따져 본다면 불안전한 상태에 더 큰 책임이 있다고 나왔다.

불안전한 상태와 불안전한 행동을 보는 필자의 생각은 다르다. 인간은

---

[34] 출처: 펫페이퍼(http://www.petpaper.co.kr)

실수할 수 있고, 장시간 집중력을 유지할 수도 없다.

현장에서 반복되는 일상작업은 인간의 불안전한 행동을 기다리고 있다. 불안전한 상태와 접촉하면 안전사고가 발생할 확률이 높아진다. 예방을 위해 불안전한 상태는 신속히 정상화시켜야 한다.

안전사고 원인 중 불안전한 상태와 불안전한 행동의 비율은 국가별 산업구조와 안전문화에 따라 차이가 있다.
일반적으로 선진국은 관리적 요인 및 불안전한 상태 개선에 집중하는 반면, 대한민국은 여전히 불안전한 행동에 초점을 맞추는 경향이 강하다.

필자 주변 사람들의 의견을 물어보면 아직도 산업현장의 사고 원인을 불안전한 행동으로 보는 시각이 월등하다.

하인리히의 잔재물이 아직도 대중의 인식 속에 자리 잡고 있다. 하인리히의 1:29:300은 고용자와 근로자의 관계에서 고용자에게 유리하게 작용했다.

미디어, 교육교재, 자격증시험, 사고 조사 리포트 등 대한민국 안전에 1:29:300의 영향력은 진행형이다. 2025년에도 안전사고의 발생 원인 중 88%를 불안전한 행동에서 기인한 것으로 보고 있다.

90년 전 하인리히가 근무했던 보험회사에 청구서를 상상해 보자. 작성주체는 안전사고의 책임이 있는 관리감독자다. 본인한테 불리한 선택을 할 수 있었겠는가? 불안전한 행동이 절대적으로 많은 이유다.

불안전한 행동은 단순히 작업자의 부주의로만 발생하는 것이 아니라 그 이전에 존재하는 관리적 결함이나 개인적 결함, 불완전한 물리적 환경에서 비롯된다.

사고의 책임을 개별 작업자의 '불안전한 행동'에만 돌릴 것이 아니라, 행동을 유발한 근본적인 시스템 및 관리적 문제점들을 찾아 개선해야 근본적인 재해 예방이 가능하다.

4
유지관리

유지관리는 완성된 시설물, 시스템, 장비 등이 제 기능을 유지할 수 있도록 일상적으로 점검하고 관리하는 활동을 의미한다.

사용자의 편의와 안전을 보장하고, 노후화나 손상된 부분을 제때 보수함으로써 자산의 수명을 연장하는 데 목적이 있다. 안정적인 생산활동을 위해 가장 중요한 항목이다.

중대재해 발생 원인 중 가장 많은 부분을 차지하는 '비정형작업' 도 생산설비의 유지관리 과정의 한 부분이다. 설비 유지관리의 주요종류인 PM,[35] TBM,[36] CBM,[37] BM,[38] CM[39]은 설비의 상태와 유지관리 목적에 따라 구분된다.

기업의 유지관리 활동은 생산, 품질, 안전과 밀접히 연관되어 있다. 50인

---

[35] PM(Preventive Maintenance): 예방보전, 설비의 고장을 사전에 방지하기 위해 주기적으로 부품을 교체하거나 정비하는 활동.
[36] TBM(Time Based Maintenance): 시간 경과를 기준으로 정해진 주기에 따라 정비를 수행.
[37] CBM(Condition Based Maintenance): 설비 상태를 모니터링해 이상징후가 감지될 때 정비 수행.
[38] BM(Breakdown Maintenance): 사후보전, 설비가 고장 후에 수리해 정상상태로 복구하는 방식.
[39] CM(Corrective Maintenance): 개량보전, 설비의 고장 원인을 근본적으로 제거하고, 설비자체 기능이나 신뢰성을 개선하는 활동.

이하 중소기업에서 유지관리 개념을 도입해 운영하고 있는 회사는 없다.

생산설비의 가동에 문제 발생 시 외부업체에 보수를 의뢰하거나 담당자가 근무경험을 통해 습득한 내용을 토대로 응급조치 후 가동을 이어 가는 수준이다. 정비체계를 갖추지 못한 BM 활동을 하고 있는 것이다.

BM 활동은 고장이 발생해도 생산에 큰 지장이 없는 비핵심 설비에 주로 적용하는 활동이다. 비용이 적게 드는 장점이 있지만 돌발 고장으로 인한 생산 중단 위험이 크고 정상화 과정에서 협착, 끼임 등에 의한 중대산업재해로 이어질 수 있다.

가연성, 인화성 물질을 취급하는 회사에서 설비의 보수나 개조작업 중 화재, 폭발을 예방하기 위해서는 설비에 남아 있는 가연성, 인화성 물질에 대한 처리가 완료되어야 한다.
가연성, 인화성 물질을 안전하게 처리하기 위해서는 플레어 시스템과 불활성 가스(N2), 스팀 등이 필요하다.

대기업은 공장 건설당시 전체적인 시스템이 갖추어져 있다. 중소화학 회사의 경우 자체 시스템을 갖출 수 있는 여력이 없다. 파이프라인을 통해 필요한 유틸리티는 비용을 지불하고 사용한다.

파이프라인은 사용량이 많거나 생산을 위해 연속적으로 필요한 경우 연결되어 있겠지만, 간헐적인 보수작업을 위해 불활성가스인 N2 사용을 위해 파이프라인을 연결해 놓지는 않는다. 필요하면 N2를 별도 구매해 사용한다.

중소기업 근무자의 경우 양질의 교육을 받는 것도 어렵다. 법을 준수하기 위해 문서상으로 관리는 되고 있을지 모르겠다. 현실적으로 대기업과 비교할 때 교육의 질도 다르다.

동일한 목적의 설비도 대기업의 경우 안전장치가 이중, 삼중으로 시공되어 있다. 중소기업의 경우 최소한의 법적 규제만 통과할 수 있는 구조다. 솔직히 계획적인 유지관리를 기대하기는 어렵다.

2021년 12월 13일 여수산단 화학물질 제조업체에서 저장탱크 배관연결 작업 중 폭발에 의한 대형 화재로 근로자 3명이 사망하는 사고가 발생했다.
 사고 회사의 설비나 운영시스템, 안전관리 시스템을 정확히 모르면서 사고 원인을 말하는 것은 곤란하다. 어디까지나 필자의 추정이다.

중소기업의 경우 대기업처럼 유틸리티[40]의 확보가 어렵다. 필요시 외부에서 구입해야 한다. 작업 전 설비 내에 존재하는 인화성물질이나 인화성 증기 등을 퍼지하기 위한 절차가 미흡했을 수도 있다.

설비의 퍼지 절차 생략은 화기작업 과정에서 화재, 폭발로 이어질 수 있는 위험성이 매우 높다.

---

[40] 생산 공장에 필수적으로 사용되는 공통지원설비 및 서비스를 의미하며, 전기, 물, 스팀, 질소 등 다양한 자원의 공급을 통해 공정의 효율성과 안전성을 높인다.

일반제조업의 경우도 다르지 않다. 중소기업에서 발생하는 중대산업재해 예방을 위해서는 비정형 작업의 발생 원인을 찾아내 해결방안을 모색하고 적절한 유지관리 기법을 적용해 운영하는 것이다.

중소기업의 현장 여건을 고려할 때 현실적으로 실행이 쉽지 않다. 그렇다고 현재의 관리 상태를 유지할 수는 없다. 중소기업의 경우 중대산업재해 발생 시 회사의 존폐 문제까지 연결될 수 있다.

중기적으로 생산설비에 대한 유지관리 시스템 도입을 위해 준비를 해야 한다. 이를 통해 비상가동 정지를 최소화해 설비가동 중 비정형작업의 빈도수를 낮추어야 한다.

유지관리는 생산설비에 대한 작동원리와 인터록장치, 해당 설비의 법적 규제사항, 정상운전 중 점검활동 포인트, 계측장비의 정상운전 중 지시범위, 해당설비의 보전 이력관리, 분석을 위한 약간의 통계를 활용해야 한다.

산업현장은 생산과 품질에 문제가 없을 때 가장 안전한 상태를 유지할 수 있다. 유지관리 활동이 설비를 대상으로 하지만 주목적은 공장의 안전사고 예방에 있다.

5
안전과 상생

집 근처 호수 공원 산책을 하다 새로운 경험을 했다. 호수 위를 덮고 있는 연잎이 눈에 들어왔다.

수평으로 넓게 퍼진 연잎들과 중간 중간에 두루마리 형태의 새 연잎들이 수직으로 서 있는 것이 특이해 보였다.

조용히 들여다보았다. 두루마리 연잎의 행보가 눈에 보였다. 넓게 펼쳐진 연잎들 사이를 조심스럽게 비집고 올라와 주변을 돌아본다. 다툼은 없다.

수직으로 말려있던 잎이 서서히 수평으로 퍼지며 자리를 잡는다. 호수를 스치는 바람이 연잎들 사이를 물 흐르듯 지나간다.

조화를 위한 자연의 질서가 인공의 기교를 뛰어넘었다. 호수 위를 덮고 있는 연잎들의 유연함에서 '상생'을 보았다.

안전과 상생은 산업 현장에서 서로 긍정적인 영향을 주고받는 중요한 개념이다. 상생의 관계가 잘 구축되면 안전수준이 향상되고, 안전한 환경은 기업 구성원 모두에게 혜택을 가져와 상생을 더욱 촉진시킨다.

규모가 큰 대기업과 규모가 작은 협력업체는 안전보건 관리 역량과 투자 여력에 큰 차이가 있는 경우가 많다. 상생은 이러한 격차를 줄이는 핵심적인 역할을 한다.

상생 협력의 구체적인 실천 방법은 공정한 거래 관계 구축, 동반 성장을 위한 지원, 투명한 소통 및 협력문화 조성이다. 이러한 방법들은 기업의 규모와 관계없이 상호 간 지속적인 발전을 가능하게 한다.

안전은 모든 기업 구성원과 협력사가 함께 책임져야 할 공동의 가치이며, 이를 위한 상생 협력은 산업재해를 줄이고 기업 전체의 지속 가능한 성장을 이끄는 필수 전략이다.

6
사각지대

사각지대의 사각을 四角(네모난 각)으로 잘못 알고 계신 분들이 많다.

死(죽을 사)는 생명이 닿지 않는, 위험하거나 통제가 어려운 상태를 의미한다. 角(뿔 각)은 시야의 각도나 방향을 뜻한다. 地(땅 지) + 帶(띠 대)는 특정 지역이나 범위를 나타낸다.

종합하면 사각지대는 '죽은 각도의 지역'이라는 뜻으로, 어느 방향에서도 시야가 닿지 않는 공간을 의미한다.

이 표현은 원래 군사용어에서 유래된 것으로, 사격이 불가능하거나 감시가 닿지 않는 지역을 지칭할 때 사용되었다.

이후 일상생활에서도 운전 중 보이지 않는 후측방, 법이나 제도의 미비로 인해 보호받지 못하는 사람들, 복지의 혜택이 닿지 않는 계층 등을 설명할 때 비유적으로 쓰이고 있다.

사각지대가 발생하는 원인은 단순히 '보이지 않는다'는 물리적 특성만이 아니다. 인식의 부족, 제도의 미비, 책임회피, 자원불균형 등 다양한 요인이 복합적으로 작용한다.

기업의 안전관리에서 사각지대란 위험 요소가 존재하지만 사람들이 인식하지 못하거나 관리가 제대로 이루어지지 않아 사고가 발생할 수 있는 공간이나 상황을 의미한다.

사각지대는 방치될수록 점점 확대되는 경향이 있다. 처음엔 작고 눈에 띄지 않지만, 인식하지 못한 채 방치하면 점점 더 많은 위험 요소가 축적된다.
적시에 발굴해 개선하지 못하면 안전사고로 이어질 수 있는 개연성이 높아진다. '깨진 유리창의 법칙'[41]과 결이 같다.

문제점을 설계 단계에서 발견하는 것과 생산 단계에서 발견해 개선하는 것은 비용 측면에서 엄청난 차이를 만들어 낸다. 이를 설명할 때 흔히 사용하는 개념이 바로 "10배 법칙"[42] 또는 "비용 곡선(Cost of Change Curve)"이다.
예방이 최고의 비용 절감이라는 전략적인 의미를 함축하고 있는 개념이다.

설계 단계의 활동이 위험성평가다. 기업의 안전사고 예방을 위해 사각지대를 찾아내 위험성을 평가하고 확대되지 않도록 적합한 대책을 수립 시행해 관리하는 것이다.
기업이 위험성평가를 위해 지불해야 하는 비용과 사후약방문식의 대응 비용과는 비교 불가능한 소액이다. 문제는 안전에 대한 인식이다.

---

[41] 사소한 무질서를 방치하면 더 큰 문제로 이어진다는 범죄 심리학 이론이다. 1982년 제임스 윌슨과 조지 켈링이 발표했다. 깨진 유리창 하나를 방치하면 다른 창문까지 깨지고 결국 건물이 붕괴되듯이, 사소한 무질서가 범죄를 확산시키고 사회 전반의 혼란을 초래할 수 있다는 이론.

[42] 제품 개발이나 품질 관리에서 자주 언급되는 개념으로, 문제를 발견하고 수정하는 시점에 따라 비용이 10배씩 증가한다는 경험적 법칙

사망사고 등 중대재해를 일으킨 기업에는 은행대출 한도가 줄고, 중대재해 배상책임보험료가 최대 15%까지 늘어난다. 금융위의 신용평가 기준도 중대재해 이력과 연계된다고 한다.

이뿐만이 아니다. 연기금 등 기관투자가가 기업의 투자판단에 중대재해 발생 여부를 고려할 예정이라는 뉴스가 보도되었다.

산업현장의 안전사고 예방활동이 단순히 법적책임을 피하기 위한 형식적인 활동으로 인식되는 세상이 아니다. 전향적이고 적극적인 안전사고 예방활동을 요구하고 있다.

직장에서 생산활동을 하다 본인의 의지와 상관없이 중대산업재해의 희생자가 되었다. 희생자가 생산에 참여해 만들었던 제품은 소비자에게는 삶의 편리성과 유용성을 제공하기 위한 결과물이었다.

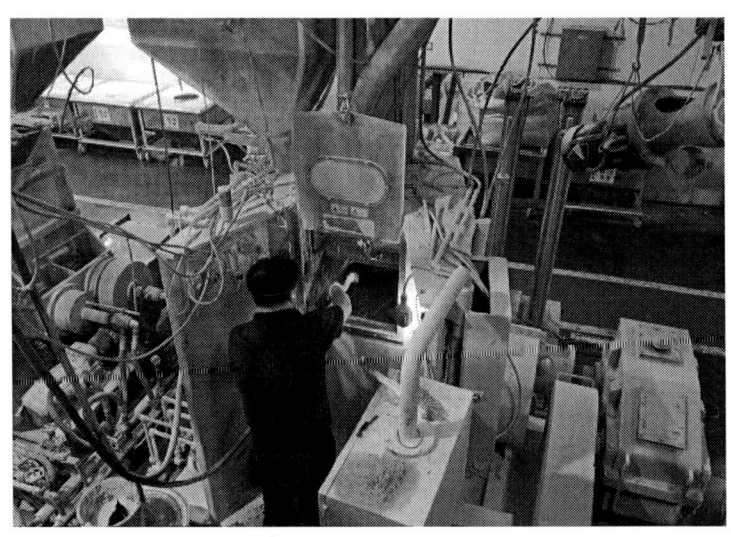

본 사진은 사각지대에 대한 독자의 관심을 위한 자료 사진으로 실제 사각지대와는 관련 없음.

소비자들의 안전에 대한 의식 수준이 높아지고 있다. 사각지대를 없애기 위한 제대로 된 전원 참여의 위험성평가 활동이 필요하다.

혹시 당신이 근무하는 곳이 안전 '사각지대'는 아닌가?

7
수평전개

'수평전개'는 분야에 따라 의미가 다르지만, 공통적으로는 어떤 문제 해결이나 기술적용을 다른 유사한 대상에 확장하거나 공유하는 것을 의미한다.

제조·생산 분야에서 사용되는 '수평전개'[43]라는 용어는 자동차 제조사인 도요타의 생산방식에서 유래했다.

도요타 생산방식의 핵심 철학 중 하나인 '카이젠(改善)'은 지속적인 개선을 의미한다. 공정에 문제가 발생했을 때 그 원인을 찾아내어 개선하고, 이 개선 사항을 다른 유사한 공정까지 적용해 재발을 막고 전체 생산성을 높이는 활동이다.

수평전개는 주관적 판단에 의한 위험성평가의 현실적 괴리감을 보완할 수 있는 중요한 툴이다.

제조업에서 문제가 발생했을 때, 그 원인을 철저히 분석하고, 개선해 동일한 사례가 재발하지 않도록 하는 개념은 안전관리의 사고 조사 및 재발방지를 위한 계획수립 등과 동일한 개념이다.

---

[43] 제품 개발이나 품질 관리에서 자주 언급되는 개념으로, 문제를 발견하고 수정하는 시점에 따라 비용이 10배씩 증가한다는 경험적 법칙

유사한 형태가 반복되어 발생하는 중대산업재해의 특성을 고려할 때 수평전개 개념의 활용이 절실해 보인다. 안전관리를 담당하는 관리 주체들의 전향적인 자세가 필요하다.

수평전개 개념을 도입하고 정착시키기 위해서는 정부, 기관, 기업, 그리고 개인이 각각의 역할과 책임을 명확히 인식하고 협력해야 한다. 각 주체의 구체적인 역할은 다음과 같다.

■ 정부 관련 부처(고용노동부 등)

■ 법적, 제도적 기반 마련

「중대재해처벌법」 및 「산업안전보건법」 등 관련 법규의 실효성을 높이고, 수평전개를 활용해 위험성평가와 현장의 안전대책을 마련한 기업에 대한 인센티브를 제공해 기업의 자발적 노력을 유도해야 한다.

■ 정보 공유 및 확산

수평전개 활성화를 위한 가장 중요한 항목이다. 기존에 공유되고 있는 중대재해 알림톡이나 각종 사고 사례의 내용이 너무 포괄적이다. 정보보호법을 피하려다 보니 나타난 현상으로 보인다. 관련 부처와 머리를 맞대어야 한다.

■ 기관(한국산업안전보건공단, 안전보건협회 등)

■ 전문성 강화 및 기술 지원

기존 중대재해 발생 사례에 대한 수평전개의 필요성을 기업의 중대산업재해 예방을 위해 적극적으로 장려해야 한다.

■ 수평전개 사례 발굴 및 전파

기업의 수평전개 사례를 발굴하고, 이를 널리 공유해 다른 기업들이 벤치마킹할 수 있도록 도움을 주어야 한다. 이는 수평전개를 촉진하는 중요한 역할을 한다. 물론 기업 간 수평전개 과정에서 발생할 수 있는 기술 노하우는 보장되어야 한다.

■ 교육 프로그램 개발 및 제공

기존의 법정 안전교육에 수평전개 사례를 포함시켜 중요성을 확산시켜야 한다. 단순히 법에서 규정하고 있는 내용을 수평전개 한 사례를 말하는 것이 아니다. 교육의 효과를 높이기 위해서는 사실에 근거한 스토리 형태의 프로그램이 필요하다.

■ 기업

■ 경영 책임자

수평전개의 첨병 역할을 수행해야 한다. 저녁 뉴스를 통해 중대재해 사례를 보았다. 다음 날 출근해 미팅시간에 해당 사례에 대한 공장의 관리 상태를 파악하고 문제가 있을 시 수평전개 지시를 내려야 한다. 경영 책임자의 안전관리 어렵지 않다.

■ 사내 정보 공유 시스템 구축

사고 발생 시 즉각적으로 원인과 대책을 파악하고, 이를 전사적으로 공유해 수평전개 하는 시스템을 마련해야 한다. '아차사고' 등 사소한 사고 정보도 공유하는 것이 중요하다.

■ 협력사와의 상생

원청기업은 협력사의 안전관리 역량을 높일 수 있도록 지원하고, 협력사 간 발생한 사고 사례를 상호 벤치마킹을 통해 수평전개 할 수 있는 역할을 수행해야 한다.

■ 피드백 및 개선 활동

근로자의 의견을 반영하는 창구를 마련하고 기존의 안전제안제도, 아차사고 신고 외에 내외부에서 확인한 안전사고 사례 등에 대한 '수평전개'건의 항목의 추가가 필요하다. 이를 통해 현장의 불안전 요인을 개선하는 활동을 지속적으로 전개해야 한다.

■ 위험성평가 활성화

다양한 경로를 통해 입수된 안전사고 사례에 대한 상시위험성평가가 이루어져 사업장에 적용될 수 있도록 해야 한다.

■ **개인(근로자)**

■ **위험에 대한 공감의식**

우리가 경험한 아차사고, 우리가 알고 있는 잠재위험 요인은 내주변의 동료나 선후배 모두의 안전을 위해 중요한 사항이라는 점을 공감하고 수평전개 확산을 위해 노력해야 한다.

■ **수평전개 누락 사항 확인보고**

수평전개 항목 누락 및 지연에 대한 지속적인 상황을 확인하고 마무리될 수 있도록 상부에 보고하고 요청해야 한다.

■ **반면교사(反面敎師), 타산지석(他山之石)**

작업 전 안전점검회의(TBM)나 위험성평가 활동에 수평전개 개념을 적극적으로 활용해야 한다. 규정된 안전수칙과 작업 표준을 철저히 준수하고 사고 발생을 방지해야 하는 것은 기본이다.

기업의 관점에서 수평전개는 기술적·환경적 제약이 따를 수 있다. 다른 라인이나 공정이 유사하더라도 설비의 연식, 작업환경, 사용하는 재료 등에 미세한 차이가 있어 동일한 개선 방안을 그대로 적용하기 어려운 경우가 있다. 수평전개 확정 전 밀도 있는 검토가 필요하다.

현장의 생산 일정이나 업무량이 많아 사고 사례를 학습하고 적용할 시간을 내기 어려운 상황에서 시행하는 조급한 마음의 수평전개보다는 일정이 조금 늦더라도 누락하지 않는 것이 중요하다. 사고는 아직 발생하지 않았다.

8
전원 참여

대한민국은 과학기술이나 산업 분야에서 세계적인 성과를 내고 있음에도 불구하고, 통계적 사고에 대한 인식과 활용은 아직 충분히 자리 잡지 못한 부분이 있다.

통계의 '활용'보다 '보고' 중심 문화에 익숙하다 보니 많은 조직이나 기관에서 통계는 보고용 수치로만 활용되고, 의사 결정 도구로는 적극적으로 쓰이지 않고 있다.

'불량률이 2%'라는 보고는 있지만, 왜 발생했는지, 어떻게 줄일 수 있는지에 대한 분석은 부족한 경우가 많다. 정부에서 발표되는 안전사고 관련 통계 자료를 볼 때마다 느끼는 부분이다.

AI 기술의 발전으로 이러한 부분이 조금씩 보완되고 있으나 아직도 중소기업에서는 경험과 직관에 의존한 의사 결정이 많다.

데이터 기반 접근을 하려고 해도 활용 가능한 축적된 데이터가 제한적이다. '예전에도 이렇게 했으니 괜찮다'는 식의 사고가 통계적 분석을 대체한다.

'정량적'과 '정성적'은 분석이나 평가를 할 때 자주 사용되는 개념으로, 서로 다른 접근 방식이다.

수치나 데이터로 측정 가능한 방식으로 객관적이고 재현 가능하며, 통계, 수치, 지표 등을 활용해 분석 결과가 명확하고 비교 가능한 것이 정량적 개념이다.

정성적 개념은 수치로 표현하기 어려운 감성적, 주관적, 서술적인 방식으로 사람의 경험, 의견, 느낌 등을 기반으로 하며, 해석과 통찰이 중요하다. 전체적인 상황과 맥락을 이해하기 위해서는 정성적 분석이 중요하지만, 신뢰성을 높이기 위한 결정은 정량적 접근이 필요하다.

대부분의 기업에서 위험성평가 기법으로 '빈도 × 강도 법'을 활용한다. 혹자들의 의견은 최종 리스크가 숫자로 나오기 때문에 정량적 기법이라고 하지만 필자의 견해는 사업장의 참여자 수에 따라 다르게 판단하고 있다.

예를 들어 보자. 100명이 근무하는 회사에서 정기위험성평가에 10명이 참석하는 것과 60명이 참석해 나온 결과는 다르다. 후자 정도라면 정량적이라고 할 수 있다. 전자는 정성적 기법이다.

빈도 × 강도의 기준이 회사에 축적된 데이터를 근거로 위험성평가 규정이 만들어 졌다면 모르겠지만, 아직까지 안전 관련 통계데이터를 지속적으로 축적해 시스템에 적용하고 있는 회사를 보지 못했다.

위험성평가 시 정성적 기법을 사용하면서 정량적 기법의 부족한 부분을 보완할 수 있는 훌륭한 대안이 "전원 참여"다.

「산업안전보건법」 제36조 제2항 "사업주는 위험성평가를 실시할 때 해당 작업에 종사하는 근로자를 참여시켜야 한다."

「사업장 위험성평가에 관한 지침」 제6조 고용노동부 고시 제2020-53호에 따라, 위험성평가 시 근로자 참여는 필수 요소로 규정되어 있다. 여기서 근로자의 참여는 '전원 참여'로 해석할 수 있다.

전원 참여는 조직이나 집단 내에서 일부가 아닌 전체가 책임과 역할을 공유하며, 적극적으로 활동에 참여하는 것이다. 특히 안전관리, 품질경영, 조직문화 개선 등에서 매우 중요하게 다뤄지는 용어다.

관련 구성원 전원이 적극적인 참여를 바탕으로 만들어 내는 위험성평가 결과는 과거의 데이터를 기반으로 하는 정량적 평가의 어떤 기법보다 기업의 안전사고 예방의 기여도가 높을 수밖에 없다.

기업 안전관리 활동의 성공여부는 어떻게 '전원 참여'를 유도할 것인가에 달려 있다.

9
안전비용

 산업현장을 다니다 보면 상황에 따라 기업의 다양한 계층을 만난다. 방문 목적이 조금씩 다를 수 있지만, 포괄적 관점에서 보면 동일하다.
 업무수행 전까지 접하는 모든 시공간을 통해 회사의 전반적인 안전관리에 대한 수준의 정도를 예상해 보는 버릇이 생겼다.

 출입구의 관리 상태는 생산 공장의 환경으로 이어지고, 직원의 응대는 안전관리의 중요성에 대한 관심의 정도로 확장된다. 필자의 예상과 다른 결과가 나오는 경우는 흔하지 않다.

 중소기업의 안전관리는 법적 요건을 충족하기 위해 안전관리전문기관에 위탁을 하고 있다. 관련 업무는 대부분 현장 경험이 없는 사무직이 겸한다. 서류적 대응 수준이다. 현장의 안전 확보와 업무와의 연계성이 매우 낮다.

 회사 내 안전사고 예방관리에 영향을 미칠 수 있는 사람은 현장의 관리감독자다. 그분들의 안전에 대한 인식의 정도가 회사의 사고예방에 직간접적인 영향을 미친다.
 "소장님! 이 부분 방치하면 문제 있을 것 같은데. 사고예방을 위해 선제적

보완이 필요해 보입니다."

"그 부분은 저희도 잘 알고 있습니다. 문제는 여력이 없다는 것입니다."

결론은 위험 요인을 알고 있으면서 돈이 없어 위험을 방치한 상태에서 생산활동을 한다는 것이다.
을의 입장에서 갑의 기분을 상하게 할 필요는 없다. 조심스러운 태도로 한 발짝 더 나가 본다.

"회사에 여력이 생기면 개선하실 의향은 가지고 계세요?"

대부분 선뜻 대답을 못 한다.
겸연쩍은 표현을 대답으로 받아들인다. 안전관리에 대한 부족함을 돈으로 대신해 보려는 습관적인 표현이다. 만남이 없어도 경영책임자의 안전에 대한 관심과 인식의 정도를 알 수 있다.

국제표준인 ISO 45001:2018은 작업장의 안전보건경영 시스템을 규정하며, 위험성 감소를 위한 대책의 우선순위를 명확히 제시하고 있다.

국내 「산업안전보건법」 및 위험성평가 지침에서도 안전대책의 우선순위를 명시하고 있으며, 실제로 '공학적 대책 → 관리적 대책 → 개인보호구' 순으로 대책을 수립하도록 권장한다.

돈과 연계된 안전대책은 대부분 공학적 대책이다. 공학적 대책은 작업환경에서 발생할 수 있는 위험 요소를 기술적·물리적으로 제거하거나 차단하는 방식의 안전조치를 말한다.

사람의 행동에 의존하지 않고, 설비나 구조 자체를 안전하게 만드는 것이 공학적 대책의 핵심이다. 재설계, 대체, 차단 및 격리, 자동화 및 원격화, 환기 및 배기 시스템 설치 등을 들 수 있다.

가동 중인 공장에서 안전점검 및 위험성평가를 통해 안전대책을 수립하고 개선을 시행하는 대책 중에 공학적인 대책이 필요한 것이 얼마나 될까.

이론적으로 제시되는 '공학적 대책'이라는 의미의 면면을 들여다보면 공장을 새로 짓거나, 설계 과정에서 검토되고, 보완되어야 하는 기술적 검토 사항들이다. 엔지니어의 영역이다.

공장이 가동되는 과정에서 공학적인 대책이 필요한 공장은 애초에 잘못 설계되고, 잘못 만들어졌다고 볼 수 있다.
가동되고 있는 공장에서 안전은 전문가의 영역이 아니다. 지루하고 반복되는 일상의 영역이다.

인간은 본능적으로 반복적이고 지루한 업무를 회피하려는 경향이 있다. 이건 단순한 취향 문제가 아니라, 뇌의 구조와 동기 시스템과도 깊이 연결되어 있다.

일상적인 안전관리에서 돈이 필요한 공학적 대책은 없다. 공장의 증설 및 법의 강화로 시설에 대한 대책이 요구 된다면 그것은 투자의 개념이다.

중대재해 유형 중 추락, 끼임, 충돌이 전체 65%를 차지한다. 예방을 위해 투자가 필요한 것은 없다.

기계, 설비가 가지고 있는 원래의 기능이 훼손되지 않도록 지속적으로 유지관리를 실행하고, 안전규정을 만들어 작업자들이 지킬 수 있도록 관리하면 된다.

공장에서 중대산업재해 예방을 위해 가장 중요한 요소는 '돈'이 필요한 복잡한 공학적 대책이 아니다. 누구나 다 아는 관리적 대책이면 충분하다.

산업현장의 안전사고 예방을 위해서 반복적이고 지루한 관리적 대책의 실효성을 높이려는 지혜가 필요하다.

10
중소기업

　제조업 현장에서 발생하는 중대산업재해는 장비나 기계, 설비의 수명주기(Life Cycle)동안 부품의 마모, 부식 등에 의한 성능저하, 고장발생 등 비정상상태를 정상화시키는 비정형 작업 중 발생하는 경우가 많다.
　비정형 작업 중 안전사고가 많은 이유는 명확하다. 생산현장 관리 주체의 관점이 생산과 품질에 쏠려 있기 때문이다.

　그들에게 비정형 작업에 들어가는 시간은 돈이다. 안전작업을 위한 조치가 소홀할 수밖에 없다. 이러한 현상은 근로자 수가 작은 중소기업으로 갈수록 심각해진다.

　프레스, 사출기 등 기계설비를 가동하는 업종의 경우 작업환경이 열악하다. 소음, 분진, 오염은 그들에게 일상화된 지 오래다. 경쟁력을 유지할 수 있는 기술력은 없다.

　생산설비의 가동 시간이 그들이 유일하게 기댈 수 있는 경쟁력이다. 고장의 근본 원인을 찾아내 재고장을 방지하려는 노력은 기대하기 어렵다. 자원이 없다.

상위 벤더의 눈치를 보며 제한적인 경쟁력으로 버텨내야 한다. 생산량을 늘리고 부적합품을 최소화하는 방법 외에는 선택지가 없다.

기계설비에 의해 발생하는 사고의 주요 원인을 보면 방호장치 미설치 또는 무단 해체, 기계 작동 중 점검·청소 작업, 부적절한 복장(면장갑, 헐렁한 작업복 등), 기동스위치 오작동 또는 타인의 조작, 작업자의 안전수칙 미준수 및 교육 부족 등이다. 예방대책은 각각의 원인에 대한 정상화다.

결코 간단한 문제가 아니다. 가동연수가 오래되고, 기계, 설비의 노후화, 오염 상태가 장기간 방치된 기업일수록 어렵다. 시간의 축적이 경영책임자의 안전에 대한 무관심으로 확대되었다. 사고가 일어날 수 있는 개연성이 높을 수밖에 없다.

근로자 대부분이 언어와 문화 장벽, 임금 등에 민감한 외국인이다. 생산 인력의 변동성이 크다. 직간접적으로 안전사고 발생에 영향을 미칠 수 있는 요인들이 산재해 있다.

2022년 「중대재해처벌법」 시행 이후 변화의 조짐은 현장을 방문하고 대화를 나누는 과정에서 감지되고 있다. 1세대가 퇴장하며 가업이 승계된 기업의 경우 기존보다는 안전을 챙기려는 노력을 하고 있는 기업도 일부 있다.

'중대산업재해 예방 = 비정형작업 축소 = 생산, 품질 향상' 등식이 성립된다. 기업의 생산성을 높이고 품질을 확보하고 중대산업재해 예방의 실효적 효과를 보기 위해 기업에서 발생하는 비정형 작업에 대한 근본 원인을 추구해 정상가동 시간을 증가시키려는 활동을 추천한다.

생산성 향상과 품질관리가 일정수준에 도달할 때 안전관리의 효과는 자연스럽게 따라 온다. 안전관리 가지고 고민하지 않으면 좋겠다.

시작은 교육이다. 구성원들 의식 속에 생산, 품질, 안전의 유기적인 관계에 대한 이해의 폭을 확인시켜 줘야 한다. 세상에서 가장 힘든 일이 사람(人)을 변화시키는 일이다.

사람이 변해야 다음 단계를 진행할 수 있다. 변해야 하는 1차 대상은 기업의 경영책임자다.

11
밀폐공간

1989년 질식사고에 대한 필자의 경험담이다. 당시에는 '밀폐공간'이라는 개념이 없었다. 제철소 코크스를 만드는 과정에서 발생하는 부산물인 COG[44]를 정제하면서 나오는 유황성분을 분리해 액상으로 출하시키는 공정이었다.

공정은 반응기 촉매 교체작업을 위해 가동이 정지된 상태였다. 제어실에서 교대를 위한 일지를 쓰고 있는데 협력사 작업반장이 갑자기 뛰어 들어왔다. '큰일 났습니다.' 반원 한 사람이 반응기 안에 들어가 쓰러졌다고 했다.

순간 아차 싶었다. 사고 발생 현장으로 뛰어가다 일단 반응기 하부에 연결해 소량씩 공급되고 있던 질소(N2) 밸브를 잠그고 상부로 이동했다.

질소 공급은 반응기 촉매 교체작업 완료 후 상부 맨홀커버를 닫기 전 촉매가 공기와 접촉되는 것을 최소화시키기 위해 공급하고 있었다.

---

[44] 코크스 오븐 가스(Coke Oven Gas, COG)는 제철 공정 중 석탄을 고온으로 가열해 코크스를 만드는 과정에서 발생하는 부생가스로 메탄(CH_4)과 수소(H_2)가 주성분으로, 높은 발열량을 가지고 있어 제철소 내 발전용 연료 등으로 재활용됨.

계단을 통해 상부에 올라가 반응기 내부를 들여다보았다. 오전에 촉매 교체 작업이 마무리되고 윗부분을 메쉬와 그레이팅 조립을 완료한 상태였다. 그레이팅 위에 작업자가 쓰러져 있었다.

상부 맨홀에서 작업자가 쓰러져 있는 그레이팅까지의 깊이는 1500㎜로 기억된다.

공급되는 질소를 차단했지만 막상 쓰러져 있는 작업자를 보고 어떻게 해야 되겠는데 입사 2년 차 신입의 경험으로는 즉각적인 대처가 안 되었다.

잠시 머뭇거리는데 뒤따라온 협력사 작업반장이 반응기 안으로 들어갔다. 쓰러져 있던 작업자를 끌어 올려 구급차를 태워 단지 내 종합병원으로 긴급 이송했다.

병원에 도착해 고압산소탱크에 들어갔다는 연락을 받았다. 일이 손에 잡히지 않았다. 퇴근을 못 하고 공장에 남아 있는데 3시간 만에 깨어나 돌아왔다.

다음 날 사고 발생경위를 반장을 통해 확인했다. 반응기 상부 맨홀을 닫으려면 석면(Asbestos) 가스켓이 필요한데 맨홀 사이즈에 맞는 성형품이 없었다.

현장 제작을 궁리하던 중 작업반장이 반원에게 반응기 안으로 들어가면 내가 석면 원판을 위에 덮을 테니까 석필로 안쪽 원을 표시하라고 했다.
작업반원에게 물었다. 반응기 안에서 쓰러졌을 당시 어떤 기분이었냐고.

반응기 안에 들어가 석면 원판이 덮여 석필로 안쪽 원을 그리려는 순간 다리 힘이 풀리고, 깨어나니까 병원이었다고 했다.

중간 과정은 하나도 기억하지 못했다. 어렴풋이 알고 있었던 질소의 위험성에 대해 제대로 알게 되었다.

이러한 경험은 석유화학공장으로 옮겨 오면서 정기보수[45] 작업 시 질식 위험성이 많은 밀폐공간 작업의 안전을 위한 대책의 제안으로 이어졌다.

반응기나 증류탑 등의 내부 점검 및 청소를 위해 입조하는 과정에서 질소의 유입은 바로 사망사고로 이어질 수 있다. 이를 원천적으로 차단하기 위해 B. L.[46]의 질소배관에 맹판을 넣지 않으면 공장 내 입조작업 자체를 할 수 없도록 문서화해 실행했다. 현재도 유효한 작업 과정이다.

'밀폐'는 외부 공기나 물질의 유입·유출을 막기 위해 틈을 꼭 막거나 닫는 것을 의미한다. 산업안전보건 분야에서는 환기가 불충분해 산소 결핍, 유해가스, 화재·폭발 위험이 있는 장소를 밀폐공간이라 정의한다.

밀폐공간이 위험한 가장 큰 이유는 치사율이 매우 높기 때문이다. 2024년 5월 고용노동부 발표에 따르면, 최근 10년간(2015~2024) 밀폐공간 질식재해의 치사율은 42.3%로, 일반 사고성 재해의 치사율(1% 내외)보다 40배 이상 높았다.

---

[45] 석유화학 공장의 정기보수(Turn Around, TA)는 공장의 안전하고 효율적인 가동을 위해 모든 공정의 가동을 중단하고 실시하는 대규모 정비 작업이다. 일반적으로 3~4년 주기로 진행되며, 짧게는 수십 일에서 길게는 수개월까지 소요된다.

[46] 배터리 리미트(Battery Limit, B. L.): 공정 설비의 물리적인 경계 또는 구역을 뜻하는 용어.

산업안전보건기준에 관한 규칙 제619조 사업주는 밀폐공간 작업 시 근로자의 안전과 건강을 보호하기 위해 「산업안전보건법」 및 관련규칙에 의거해 '밀폐공간 작업 프로그램'을 수립하고 시행해야 하는 의무를 규정하고 있다.

밀폐공간 프로그램은 밀폐공간 위치파악, 관리부터 유해·위험 요인 파악 및 관리, 작업 전, 작업 중 안전확인 절차, 안전보건 교육 및 훈련, 보호구 및 안전장비 지급, 감시인 배치, 프로그램평가 및 개선절차로 구성되어 있다.

구체적인 액션이 필요한 부분은 밀폐공간 작업에 투입되는 근로자에게 16시간 이상의 특별 교육을 실시하고, 비상 연락체계, 구조용 장비 사용법, 응급처치 등 비상상황에 대비한 훈련을 6개월에 1회 이상 실시해야 한다.

프로그램의 적정성은 최소 2년에 1회 이상 평가하고, 필요한 경우 적절한 조치를 취해 프로그램을 개선해야 한다. 사실상 대기업도 운영 및 관리가 쉬운 프로그램은 아니다.
50인 이하 중소기업에서 밀폐공간 프로그램은 제도 운영의 필요성을 이해하고, 밀폐공간 프로그램 카피본만 만들어 가지고 있어도 다행이다.

필자가 중소기업 현장을 다니면서 밀폐공간으로 관리되어야 하는 부분을 정리해 보았다.

일반적으로 설비에 사람이 출입할 수 있는 크기의 Side Manhole이 설치되어 있으면 '밀폐공간'이다. 국소배기장치 Blower 내부 필터 등을 입조하지 않는 상태에서 교체하는 Manhole은 제외한다.

폐수처리를 위한 순환펌프 등이 설치된 좁은 공간도 밀폐 공간으로 관 설비가 설치된 공간도 밀폐공간으로 관리해야 한다.

동절기 회전기기나 배관의 동파를 방지하기 위해 외부공기가 들어오지 않도록 한 실내 공간도 밀폐공간으로 관리해야 한다. 펌프가동 중 그랜드 패킹이나 플랜지 누출 시 환기가 안 되어 유해가스가 잔존할 가능성이 있다.

필자의 경험이다. 완성된 생산제품의 검사를 위해 질소 봄베를 테스트룸 안에 들여놓고 사용하는 곳을 보았다.
현장에는 아직도 질소의 위험성을 모르고 계시는 분들이 의외로 많다. 조금 비싸지만 아르곤 가스로 대체하든지 아니면 테스트 공간을 오픈 공간으로 유지하도록 했다.

밀폐공간은 설비의 보전 및 수리, 청소작업 시 작업자가 내부 입조작업을 실시하는 곳은 전부 밀폐공간이다.
공간의 상부가 오픈되어 있다고 해도 바닥에 공기보다 무거운 가스가 발생할 수 있는 상황이 존재하거나 공기 중 산소와 반응을 할 수 있는 물질이 존재하는 경우도 밀폐공간이다.

철광석을 운반하는 벌크선박의 하부는 철광석과 공기 중 산소의 반응으로 산소농도가 낮아져 하부로 들어갔다가 질식사하는 사례도 있다. 공장에서 취급하는 유해가스나 질소, 전기화재에 사용하는 CO_2 설치 장소의 경우도 질식위험 장소에 포함시켜 관리해야 한다.

폐수처리장의 슬러지를 Vacuum Car를 이용해 제거 후 폐기물 처리를 위해 톤백 등에 소분하는 과정에서 Vacuum Car 내부 안으로 작업자가 들어가 퍼내는 작업도 간과하기 쉬운 밀폐공간 작업이다.

이와 같이 밀폐공간 작업은 단순히 기존 시설에 국한되지 않고 공장의 폐수처리나 오염물질 처리, 보수 및 유지관리 작업 중 일시적으로 조성되는 경우도 많다.

중소기업 입장에서 밀폐공간 프로그램을 만들어 시행하기가 쉽지 않지만 최소한 위험성평가 과정에서 파트별로 밀폐공간 유무 및 발생 가능성에 대한 검토가 되어야 한다.

검토 후 문제가 있다고 판단되는 경우 밀폐공간 프로그램을 만들어 관리해야 한다.

12
자유도

지구에 중력이 사라진다면 산업현장의 안전사고 유형은 완전히 달라질 것이다. 중력의 영향이 작용하는 추락사고가 없어지고, 인양물이 아래로 떨어져 발생하는 사고에 의한 피해는 줄어들 것이다.

변화된 환경은 새로운 위험을 초래할 수 있다. 물체가 고정되지 않은 상태로 둥둥 떠다닌다. 충돌이나 장비 오작동이 발생할 가능성이 있다.

작업자의 이동과 기기 조작이 어려워지고, 균형을 잃어 부상을 입는 일이 생길 수 있다. 세상에 완벽한 안전관리는 없다. 필연에 맞설 수 있는 유효한 전략이 필요하다.

물리학에서 자유도[47]는 계의 상태를 완전히 설명하기 위해 필요한 독립적인 변수의 최소 개수다. 한 입자의 위치를 설명하는 데 3개의 공간 좌표 (x, y, z)가 필요하므로 3개의 자유도를 가진다.

---

47 자유도(Degrees of Freedom, df)는 여러 분야에서 사용되는 용어로, 일반적으로 '자유롭게 변화할 수 있는 독립적인 값의 수'를 의미한다. 분야에 따라 그 의미가 조금씩 달라지지만, 근본적으로는 시스템의 상태를 결정하는 데 필요한 독립적인 변수의 수를 나타낸다.

물체를 표면에 놓거나 핀으로 연결하면 자유도 수를 감소시킬 수 있지만 구속된 자유도 방향으로 나타나는 반발력이 생긴다.

안전관리와 '자유도'는 상호 보완적이면서도 긴장 관계에 있는 개념이다. 여기서 자유도는 단순히 행동의 제약이 없는 상태를 넘어, 근로자의 자율성이나 작업방식의 유연성과 관련된 의미로 해석할 수 있다.

전통적인 안전관리 방식에서는 '안전'을 확보하기 위해 '자유도'를 제한한다. 규제와 규칙을 통해 예측 불가능한 변수를 줄이고, 위험을 통제하기 위함이다.

규제 중심의 안전관리는 예측 가능한 사고를 예방하는 데 효과적이지만, 근로자의 능동적인 참여를 유도하기 어렵고, 예측 불가능한 상황에 대한 대응력을 떨어뜨릴 수 있다는 한계가 있다.

생산설비의 안전장치에 대한 기술력이 높아지고 근로자의 안전의식 수준이 향상되었다. 먹고사는 문제가 최우선이었던 시대의 재해율이 아니다.

재해율은 지속적으로 낮아졌다. OECD 가입국과 비교 시에는 높다. 더 낮추어야 한다. 문제는 몇 년째 낮아질 기미가 안 보인다. 기존의 관점을 벗어날 필요가 있다.

중대산업재해는 고정된 불안전한 상태보다는 변동성이 높은 불안전한 상태[48]에서 발생할 확률이 높다. 변동성이 높은 불안전한 상태는 품질에 영향을 미친다. 역발상이다.

50인 이하 중소기업의 경우 현실적으로 안전관리에 대비할 수 있는 자원이 부족하다. 기존의 생산 및 품질활동을 통해 안전을 확보할 수 있는 방향으로 유도해야 한다.

경영책임자를 포함한 관리감독자의 생산 및 품질에 대한 기존 인식을 안전으로 확장시켜야 한다.

예를 들어 보자. '사출기의 고장 원인을 분석해 적절한 대책을 수립해 고장의 빈도수를 줄였다.'에서 그치는 것이 아니라 비정상작업 감소를 통해 끼임 등의 안전사고 발생 확률이 감소된다는 것을 인지해야 한다.

생산 설비의 고장과 노후화를 사전에 감지하고, 정비하는 활동은 생산 중단을 막을 뿐만 아니라, 오작동으로 인한 끼임 등 치명적인 사고를 예방한다. 설비보전 활동이 안전 확보 활동으로 이어진다.

품질관리도 다르지 않다. 공정운전 중 품질에 영향을 미치는 이상 원인을 추적해 개선을 실시할 경우, 방치했을 때 발생할 수 있는 조치 과정에서 예기치 않은 기계, 설비의 영향으로 안전사고로 이어질 수 있다.

---

[48] 변동성이 높은 불안전한 상태의 종유에는 물질의 물리적 불안정성, 공정 조건의 불안정성이 있다.

프로세스 표준화 및 개선 활동을 통해 작업표준을 완성하고 준수하면 휴먼 에러로 인한 사고를 줄일 수 있고, 제품 품질의 일관성을 보장할 수 있다.

품질관리를 위해 사용하는 체크리스트에 안전 관련 항목을 포함시켜 관리함으로써 품질관리 업무를 통해 작업자의 안전의식을 자연스럽게 향상시킬 수 있는 방법도 있다.
생산과 품질이 완벽하게 조화된 회사의 안전관리 시스템은 자연스럽게 완성된다.

합법적인 생산활동은 인간생활의 유용함을 제공하기 위함이다. 모든 부분에 인간이 관여한다. 이익도 인간이 취하고, 실패도 인간의 몫이다. 상호간 시너지를 기대하지만 반발도 있다.

안전을 하나의 독립변수로 다루어 현재의 만인율을 감소시킬 수 있는 시기는 지났다.
생산 및 품질관리 활동이 사업장 안전관리 효과로 연계되는 것은 현대적인 안전경영의 핵심 원리다. 이는 단지 법적규제를 준수하는 것을 넘어, 생산 공정의 효율성과 제품의 품질을 높이는 과정에서 자연스럽게 안전을 확보하는 선순환 구조를 의미한다.

생산, 품질이 가지고 있는 자유도를 적극적으로 활용해야 한다. 기존 안전의 자유도와 연결되는 부분에 우리가 찾는 결과물이 숨어 있다. 문제는 담당 부서 간의 벽이다. 실행을 위한 경영책임자의 의지가 필요하다.

13
JRA, JSA

 모방은 모든 학습의 가장 기본적인 형태다. 언어를 배우는 아기부터, 위대한 작곡가의 작품을 따라 연주하는 음악가, 과거의 거장 작품을 모사하는 화가까지, 모방을 통해 기술과 원리를 익히고 자신만의 스타일을 발전시킨다. 모방이 모방으로 끝나면 퇴보다.

 완전히 새로운 것은 거의 없다. 기존의 성공적인 제품이나 아이디어, 비즈니스 모델을 모방하고 응용하는 것만으로도 빠른 성장을 이룰 수 있다.
 모방은 전략적 적응 과정이며, 자원을 절약하고 위험을 줄여 준다. 필자가 생각하는 현재의 대한민국의 산업경쟁력도 시작은 모방이었다.

 중소기업에게 '위험성평가'라는 말은 생소했다. 「중대재해처벌법」 시행과 함께 용어의 노출빈도가 증가하기 시작했지만 접근 방법을 몰랐다.
 공단의 체계구축과 위험성평가 컨설팅 사업 수행을 통해 KRAS[49] 시스템이 소개되었다. KRAS의 위험성평가는 '강도 × 빈도 법'이다.

---

[49] 한국산업안전보건공단에서 제공하는 위험성평가지원시스템의 약자. 사업장의 위험성평가를 쉽고 간편하게 실시할 수 있도록 지원하는 온라인 및 모바일 서비스.

사업장 방문을 하다 보면 드물게 위험성평가 기법 중 JSA 기법[50]을 사용하는 곳을 만날 수 있다.

JSA 기법은 작업자들이 직접 참여해 실제 작업환경을 반영한 구체적이고 현실적인 위험 요인을 파악할 수 있는 장점이 있다.

JSA 기법의 확장 과정을 알고 나면 기법사용에 대해 모방성을 벗어나 기업현실에 적합한 JSA 기법이 만들어질 수 있을 것으로 본다.

JSA 기법은 20세기 초 과학적 관리기법에서 유래해 산업혁명 이후 지속적으로 발전해 왔다. 초기에는 작업 효율성 증진에 초점을 맞췄으나, 시대 변화에 따라 점차 안전관리의 핵심 도구로 자리 잡았다.

JSA의 뿌리는 프레더릭 테일러의 과학적 관리론(Scientific Management)에 있다.[51]

과학적관리론에 안전을 접목한 사람이 우리가 잘 알고 있는 하인리히다. 1931년 그의 저서 『산업재해 예방: 과학적 접근(Industrial Accident Prevention: A Scientific Approach)』에서 '작업 안전 분석(JSA)'이라는 용어를 처음 사용했다.

그는 작업에 적합한 사람을 배치함으로써 사고를 예방해야 한다고 강조했으며, 이는 JSA의 중요한 기초를 마련했다.

제2차 세계대전 중에는 전쟁 물자를 생산하기 위해 숙련도가 낮은 많은

---

[50] 작업 안전 분석(Job Safety Analysis)의 약자로, 특정 작업을 세분화하고 각 단계에서 발생할 수 있는 잠재적인 유해·위험 요인을 파악해 안전한 작업 절차를 수립하는 위험성평가 기법.
[51] Safety Science Volume 113, March 2019, Pages 425-437

인력이 산업현장에 투입되었다. 작업자에 대한 신속한 교육의 필요성이 요구되었다.

미국 정부는 TWI(Training Within Industry) 프로그램을 통해 신규 작업자를 신속하게 훈련시키는 기법을 개발했다. 여기에는 작업을 단계별로 분해하는 '작업분해(job breakdown)' 기법이 포함되었다.

TWI의 작업분해 기법은 JSA의 세부적인 작업절차 분석방식에 큰 영향을 주었다.

JSA 기법은 1970년대 이후 미국 OSHA(산업안전보건청) 설립과 함께 산업안전의 중요성이 더욱 강조되면서, 안전뿐만 아니라 생산성과 품질까지 통합하는 포괄적인 위험성평가 기법으로 발전했다.

JSA 기법의 확장 과정을 보면 위험성평가 용도뿐만 아니라 신입사원의 교육, 훈련 용도로도 사용 가능하다.

JSA 기법은 JRA 기법과 병행할 때 가장 최적의 효과를 발휘할 수 있다. 두 기법은 위험성평가의 과정에서 서로 다른 역할을 수행하며, 상호 보완적인 관계를 가진다.

JRA가 전체적인 위험을 파악하는 데 유용하다면, JSA는 중요한 위험에 대해 구체적인 해결책을 마련하는 데 특화되어 있다.

JSA 실시 전에 먼저, 사업장의 모든 작업을 대상으로 JRA 실시를 통해 작업의 위험도를 평가하고 위험성이 높은 작업의 식별 과정이 필요하다.

이 단계에서는 강도와 빈도를 기준으로 위험성을 정량화하는 기법이 주로 활용될 수 있다.

JRA는 작업 수행 과정의 작업행위와 관련된 잠재된 유해·위험 요인을 파악하고, 안전작업절차를 마련하고자 수행하며, 모든 종류의 작업에 적용 가능하다. 다만, 작업 수행 과정의 연계된 시설, 설비 개선 등에 대한 평가에는 적용 대상에서 제외한다.

JRA를 통해 선정된 중요 작업(Critical job)[52]을 주요 단계(Key step)로 구분해 각 단계별 유해·위험 요인을 파악하고, 해당 작업을 안전하게 수행할 수 있도록 작업절차를 마련하는 과정이 JSA다.
JRA를 거치지 않은 상태에서 JSA를 바로 진행할 경우 과도한 관리포인트 및 워크볼륨 증가로 체계적인 분석을 어렵게 만들 수 있다.

위험도 얼마 이상을 JSA 대상으로 할 것인가에 대해서는 관계자들의 협의를 통해 결정하면 된다(필요시 관련규정 문서화 관리).

사업장의 잠재위험을 발굴해 적절한 조치를 통해 안전사고를 예방하는 위험성평가의 기법은 다양하다. 어느 기법을 선택할 것인가는 중요하지 않다. 사업장의 업무 특성을 고려하고, 우리 스스로 지속적인 업데이트를 통해 실무에 적용 가능하면 된다.

---

[52] 위험성평가(JRA)를 통해 선정된, 잠재적인 사고 위험이 크거나 심각한 재해로 이어질 가능성이 높은 작업을 의미합니다. 이러한 작업들은 다른 작업들에 비해 더 높은 수준의 안전 관리가 요구된다.

JSA 기법, 빈도 × 강도 기법, CHECK LIST법 등 위험성평가 기법들은 모두 장단점을 가지고 있다. 여러 가지 기법을 활용해 우리 사업장에 맞는 위험성평가 기법을 만들어 사용해도 좋다.

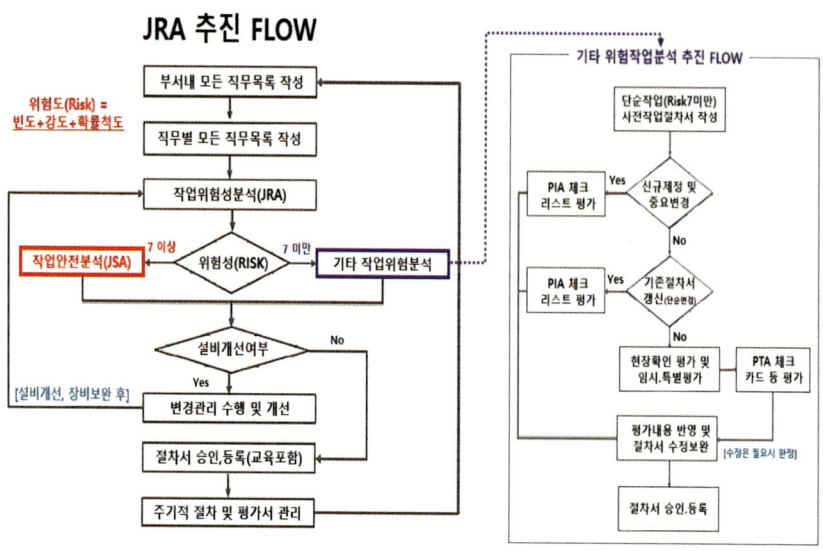

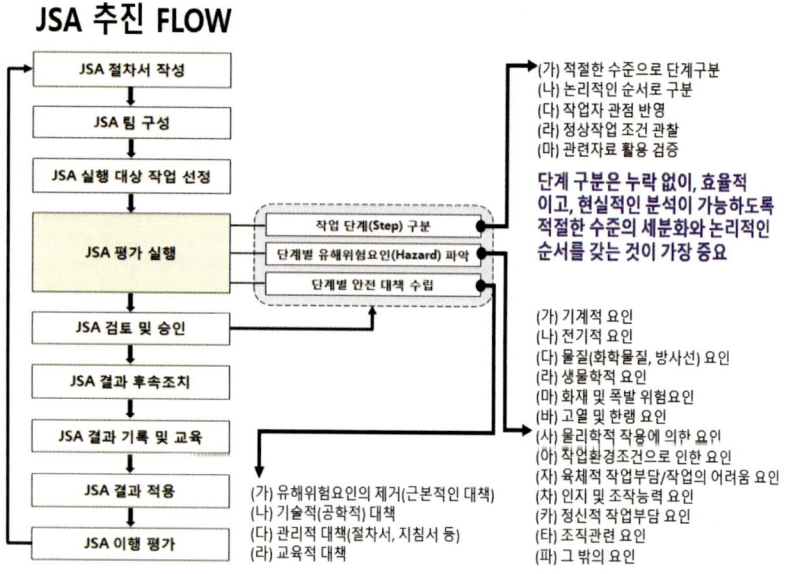

14
목표

'안전'이라는 개념은 추상적이고 포괄적이기 때문에, 상황과 맥락에 따라 구체적인 위험과 조치를 명확히 하는 과정이 필수적이다.

'안전사고예방'의 목표는 절대 변할 수 없다. '무사고, 무재해'다. 변할 수 없는 목표, 언젠가는 깨질 수밖에 없는 추상적인 목표를 가지고 고민을 한다.

사고율 10% 감소, 아차사고 인당 1건/월, 안전지표 90% 달성 등 목표에 대한 구체적인 수치 제시가 필요하다. 수치로 제시되는 목표는 '무사고, 무재해'와는 거리가 조금 있다. 단기적 목표다.

제시된 수치를 통해 구성원들의 안전 활동을 유도하고, 누적된 결과를 통해 추세의 방향성을 보기 위함이다. 궁극적인 안전 목표는 위험을 관리하고, 최소화 하는 것이다.

위험관리는 '위험 요인식별 → 구체적인 규제 및 절차마련 → 반복적인 훈련을 통한 습관화 → 객관적인 지표를 통한 관리'라는 일련의 과정이 구성원들의 행동 양식으로 이어지도록 하는 것이다.

안전을 단순히 '위험이 없는 상태'로 보는 것은 현실적이지 않다. 세상의 모든 위험을 완전히 제거하는 것은 불가능하다. 하지만, 상황에 따라 추상적인 목표가 필요한 경우도 있다.

'절대안전'은 구호일 뿐이다. 실제적인 목표가 될 수는 없다. 유사한 구호가 TPM[53] 활동에도 등장한다. 'Triple Zero'다. 사고, 정지, 고장 제로의 의미다. 사실적으로 실현 불가능한 추상적인 구호다.

안전이나 혁신 활동에서 실현 불가능해 보이는 추상적인 목표를 제시하는 데는 여러 가지 심리학적, 전략적 이유가 있다.

목표와 상관없이 조직의 사고방식과 문화를 바꾸고, 사람들의 행동을 근본적으로 변화시키는 데 방점을 두고 있다. 안전의 추상적 목표는 경영진이 안전을 최고 가치로 여기고 있음을 드러낸다.

'달성할 수 없는' 목표는 현실의 한계를 뛰어넘는 전략을 수립하도록 독려한다. '무재해'라는 목표는 가동 중인 현장 관리뿐만 아니라, 프로젝트 단계에서부터 안전을 고려하는 '초기 관리' 활동이다.

장기적이고 추상적인 목표는 단기적인 행동계획의 방향을 제시하는 나침반 역할을 한다. 비록 최종목표에 도달하지 못하더라도, 목표를 향해 나아가는 과정에서 안전에 대한 지속적인 관심과 참여를 유도하다.

추상적인 목표는 현실성이 떨어지는 것처럼 보일 수 있다. 이는 구체적이

---

53 TPM(Total Productive Maintenance) 활동은 생산 시스템의 효율을 극대화하기 위해 전 직원이 참여하는 생산 보전 활동. 설비 고장, 불량, 재해 등 모든 손실(loss)을 사전에 방지해 기업의 체질을 개선하고 경쟁력을 높이는 것을 목표로 한다.

고 실현 가능한 단기목표와 상호 보완적인 관계를 가진다.

추상적인 목표가 조직의 방향성과 열정을 제시하는 '나침반'이라면, 단기목표는 그 나침반을 따라 한 걸음씩 나아가게 하는 '징검다리' 역할을 한다.
단기목표는 추상적인 목표를 현실 세계에서 실현할 수 있도록 구체적인 실행계획을 기반으로 수립되어야 한다.

'이번 분기 아차사고 20% 감소'와 같이 실행 가능하고 측정 가능한 단기목표를 설정해 구성원들의 행동을 이끌어 내야 한다.

기업의 생산활동이 멈추지 않는 한 안전관리는 끝이 없다. 개개인의 업무에 녹아들어 기업문화로 정착되지 않으면 지루하고, 고단한 과정의 연속이다.

중대산업재해 예방을 위해 정부가 팔을 걷어붙였다. 자체적인 능력이 없다면 의지라도 보이자. 중대산업재해는 우연의 대상이 아니다. 막아야 하는 필연의 대상이다.

15
고령자

'고령자'는 법적으로는 55세 이상인 사람을 말하며, 넓은 의미에서는 65세 이상인 노년층을 지칭하기도 한다. 2025년 5월 통계청 조사에 따르면, 55~79세의 고령층 중 경제활동인구(취업자 + 실업자)가 사상 처음으로 1001만 명을 넘어섰다.

제조업 내에서 고령 근로자 비중이 급격히 증가하고 있다. 2024년 1월에는 제조업 취업자 중 60세 이상 근로자 수가 20대 근로자 수를 처음으로 추월했다.

고령화된 생산현장에서는 체력, 민첩성, 반사신경 저하 등으로 인해 고령 근로자의 안전사고 위험이 높아진다. 산업현장에서 55세 이상 고령 근로자의 재해 건수는 지속적으로 증가하고 있다. 전체 산업재해에서 차지하는 비중도 높아지고 있다.

2024년 사고성 산업재해자 중 55~64세가 전체 연령대에서 가장 많은 30.7%를 차지했다. 고용노동부 자료에 따르면, 60세 이상 고령 근로자의

산재 사망자 비중이 크게 늘고 있는 것으로 나타났다.[54]

고령 근로자 주요 재해 유형을 보면 떨어짐, 충돌, 넘어짐, 낙하물에 맞거나 부딪히는 사고 유형이 젊은 근로자에 비해 더 자주 발생한다.

안전사고 발생비율이 타 업종 대비 높은 건설현장의 경우 대형건설사를 중심으로 고령 근로자의 취업제한을 통해 리스크를 관리하고 있으나 근본적인 대책이라기보다는 결과에 반응하는 고육지책의 성격이 강하다.

여러 가지 취업조건으로 인해 구인난을 겪고 있는 중소기업의 경우 안전보다는 생산을 염두에 둘 수밖에 없는 현실이다. 부족한 일손을 고령의 임시직 근로자와 외국인으로 해결하고, 기존 기술 인력의 정년 연장의 과정에서 발생 개연성은 지속적으로 높아질 것으로 예상되고 있다.

산업현장 전체의 '안전사고 예방대책'을 하나의 그릇에 담아내는 것은 쉽지 않다. 표본을 통해 모집단을 추정하는 것도 표본의 대표성이 부족해 국부적인 대책에 그칠 수밖에 없다.

근로자의 고령화에 따른 대책은 개별기업의 업종특성 및 사내환경을 고려해 효과적인 안전대책을 수립해 시행하는 것이 중요하다. 정부의 안전 관련 정책지도도 기존의 일률적인 지원방식 외에 일정 부분 기업의 안전관리에 대한 심사 및 관리강화를 전제로 개별기업의 특수성을 고려한 지원도

---

[54] 연도별 60세 이상 산재 사망자 비중
2023년: 전체 산재 사망자 2016명 중 52.1%인 1051명.
2024년: 전체 산재 사망자 2098명 중 52.8%인 1107명.

고려해볼 필요가 있다.

참고로 고령화의 안전대책으로 참고할 만한 필자의 의견을 몇 가지 정리해 보았다. 스마트 팩토리나 센서 기반의 대책, Lay-Out 최적화, 자동화 등은 기업의 비용부담이 많이 가고 실효적인 예방효과에 대한 검증이 필요해 생략한다. 선택은 기업의 몫이다.

고령화에 따른 안전사고 예방을 위한 정답은 기존 「산업안전보건법」시행규칙 제2장(작업장), 제3장(통로), 제4장(보호구)의 각 조항에 대한 내용을 충실히 이행하는 것이다.

이상 3개 부문이 완벽하게 관리된다면 중대산업재해의 99% 예방할 수 있다. 나머지 1% 미만의 경우 직업성질병 부분으로 중대산업재해에서 차지하는 비율이 낮다.

기존에 모두가 알고 있는 내용이다. 문제는 유지관리다. 모든 공장이 처음 상업가동을 시작했을 시점에는 완벽했다. 시간이 흐르면서 생산과 품질에 영향을 미치는 직접적인 요인에만 관리의 초점이 맞추어졌다.

주변 생산설비의 기름때가 누적되어 고장을 일으키고 보수 및 수리과정에서 중대산업재해가 발생하고, 생산설비 주변의 청소 및 정리정돈불량으로 근로자의 이동 중 충돌, 전도의 안전사고로 이어진다.

불안전한 상태에 대한 축적된 시간을 되돌리려는 노력보다는 무관심이 기업무화에 확산되었다. 중대산업재해가 발생하기를 기다리고 있는 상황이다.

장기간 축적된 불안전한 상태를 복원하기가 쉽지는 않다. 간단하게 할 수 있는 정리, 정돈, 청소부터 완벽하게 해 보자. 생각 같이 쉽지 않다. 시간을 두고 지속적으로 하다 보면 결과가 나타나기 시작한다.

다음 단계로는 생산설비 주변 바닥이나 작업자가 이동해야 하는 공간에 나와 있는 돌출물을 개선해야 한다. 충돌, 전도의 기인물이다. 고령자보다야 덜 하겠지만 젊은 작업자도 아차사고를 많이 경험한다.

돌출 부분에 충격 완화장치를 부착하거나 바닥부분의 경우 이동 중 발에 걸리지 않도록 개선이 필요하다. 비용이 발생하는 부분이라 빈도수에 따라 개선작업의 우선순위를 조절하는 것도 방법이다.

고령화에 따른 안전사고 예방을 위한 대책으로 비용대비 효과를 볼 수 있는 부분이 VM[55] 활동이다.

우리보다 20년을 앞서 고령화를 경험하고 있는 일본을 보면 기업이나 공공기관 할 것 없이 VM 천국이다. 종류도 다양하다. 조금이라도 위험한 곳이라고 판단되면 붙어 있다. 특징은 사이즈가 크다. 시력이 낮은 고령자의 눈에도 확 띄게 되어 있다. 국내와 다르다.

---

[55] 산업현장에서 'VM 활동'은 일반적으로 'Visual Management(눈으로 보는 관리)' 활동을 말한다. VM은 작업장의 문제점을 누구나 쉽게 알아볼 수 있도록 시각화해 공유하고, 이를 통해 효율적인 업무 개선과 안전관리를 도모하는 방법이다. KOSHA GUIDE Z-28-2022 참조.

일본의 VM 활동 사례, 명품안전컨설팅 자료사진

 마지막으로 고령자의 안전사고 예방을 위한 관리적 대책이다. 기업의 상황에 맞춘 직무분석을 통해 고령자의 신체적, 인지적 특성을 고려한 업무에 대한 적절한 배치가 필요하다.

 고령화 문제는 피할 수 없는 현실이다. 안전 확보를 위해 정부, 기업, 근로자 모두 지혜를 모아야 한다.

16

벽

부서 간 장벽은 조직 내 여러 부서가 서로 고립되어 협업과 소통을 방해하는 현상을 의미한다. 이로 인해 발생하는 비효율성과 문제점은 조직의 전반적인 성과를 저해할 수 있다. '부서 이기주의(silo mentality)'로도 불린다.

벽이 생기는 근본 원인은 단순한 소통과 협업의 문제가 아니다. '오픈마인드'의 부재에서 시작된다. 나 아니면, 우리 아니면 안 된다는 우월감이 조직 구성원들의 내면에 자리 잡고 있다. 일종의 카르텔 장벽이다.

소방청은 2024년 7월에 마그네슘 화재용 D급 소화기 인증 기준을 마련했다. ○○○ 화재 이후, 소방청은 제도적 공백을 인지하고 금속화재용 소화기에 대한 형식승인 기술 기준을 신속하게 마련했다.
금속화재용 소화기를 유통하려면 반드시 KFI[56]의 엄격한 검증 절차를 거쳐야 한다. 소 잃고 외양간 고쳤다.

○○○ 화재가 없었으면 어땠을까. 2020년 감사원에서 해당 문제점을 지

---

[56] KFI(한국소방산업기술원)의 엄격한 검증 절차는 국민의 안전과 직결된 소방용품의 품질을 보증하기 위해 법적 근거에 따라 매우 까다롭게 진행된다. 여기에는 크게 형식승인, 성능인증, KFI 인정이라는 세 가지 주요 검사 유형이 포함되며, 각 단계마다 철저한 기준이 적용된다.

적했다. 낮은 수요와 우선 순위에서 밀려 대책이 지연되었다고 한다. 배터리 수요가 급증하는 산업현장을 읽지 못했다는 말로 들린다.

필자의 경험이다. 석유화학 공장은 기초원료를 생산하는 업스트림과 생산된 원료를 파이프라인을 통해 공급받아 중간재를 만드는 다운스트림으로 구분된다. 필자가 근무했던 곳은 업스트림이었다.

다운스트림 공장에서 증설 이후에 반응기 효율이 안 나온다는 말이 회자되었다. 연구소에 의뢰해 봐도 정확한 원인을 밝혀내지 못했다.

결국 업스트림에서 공급하는 원료에 문제가 있을 것이라는 판단으로 원료의 순도를 높이기 위해 트리트먼트 시스템을 추가하자는 방향으로 의견이 확정된 시점에 해당공장에 근무했던 혁신 팀 리더가 관련 문제에 대해 원인을 밝혀 보자는 제안이 들어왔다.

제안자의 의중에는 생산된 원료에 문제가 있을 것으로 판단되는데 필자가 해당 공장에 근무하고 있으니까 원인을 찾을 수 있을 것이라고 판단했던 것 같다.

문제를 풀기 위해 제일 먼저 공장의 증설 이후 타임라인을 만들었다. 타임라인 안에 반응기 공정운전 중 이상 상황 발생에 대한 히스토리를 수집해 기록했다.

반응기 및 전후 공정의 주요 운전 데이터가 이상 상황 발생에 어떤 인과

관계가 있는지를 밝히기 위해 트렌드를 비교분석 했다. 10일 정도 걸렸던 것으로 기억난다.

반응기 운전과 관련된 스탠바이 펌프가 가동 시 캐비테이션[57]이 발생해 반응기 운전상태가 불안해 지고, 정상화시키면 반응기 촉매층의 활성도가 떨어져 제 성능을 내지 못하는 전후의 인과관계를 확인했다.

결과적으로 반응기의 활성도 저하 원인은 업스트림인 원료에 문제가 있는 것이 아니라 해당공장 설비의 증설 과정에서 반응기 후단 증류탑에 대한 처리용량을 제대로 평가하지 못한 데서 문제가 나타난 것이었다. 검토를 제안했던 당사자도 의외의 결과에 당황했다.

검토결과를 바탕으로 신뢰성 검증 차원에서 해당문제를 해결하기 위해 관여했던 연구소 담당 연구원에게 설명 후 의견을 물었다. 결과에 대해 맞다, 안맞다는 의견을 제시하지 않았다.
이미 본인의 사전검토 결과를 바탕으로 반응기 앞에 트리트먼트 설비 투자가 결정된 상황이었다.

최종적으로 해당 공장의 담당부장에게 검토내용을 발표했다. 현상과 데이터가 맞아 떨어지는데 그게 아니라고 논리 없는 반대 의견을 제시했다.

여기서 멈췄다. 애초에 어떤 목적을 가지고 검토제안을 수락했다기보다

---

[57] 공동현상이라고도 불리며, 유체의 속도 변화에 따라 압력이 낮아지면서 액체 내부에 기포(공동)가 생기는 현상. 이 기포가 높은 압력 영역으로 이동하면서 격렬하게 터지며 충격파를 발생시켜 주변 장치에 손상, 소음, 진동을 일으킨다.

는 필자가 경험하지 못한 공장의 이상 상황에 대해 데이터를 가지고 밝혀 낼 수 있을 것인가에 대한 궁금증에서 시작했던 사례다. 오픈 마인드 부재를 직접 경험할 수 있었다.

부서 간 벽은 안전 활동의 효율적인 운영을 저해하며, 책임 회피, 정보 공유 부족, 갈등 야기 등으로 인해 기업 내 안전사고 발생가능성이 높아지고, 전사적인 안전 문화 구축에도 부정적인 영향을 미칠 수 있다.
벽 없는 기업문화가 산업현장에 확산되기를 기대한다.

17
욕조곡선

'욕조 곡선(Bathtub Curve)'은 장비나 시스템의 수명 주기에 따른 고장률 변화를 보여 주는 곡선으로, 신뢰성 공학에서 안전 관리에 매우 중요한 개념이다.

안전관리자는 욕조곡선의 각 단계별 특성을 이해하고 이에 맞춰 적절한 대응책을 마련함으로써 사고 발생 가능성을 줄일 수 있다.

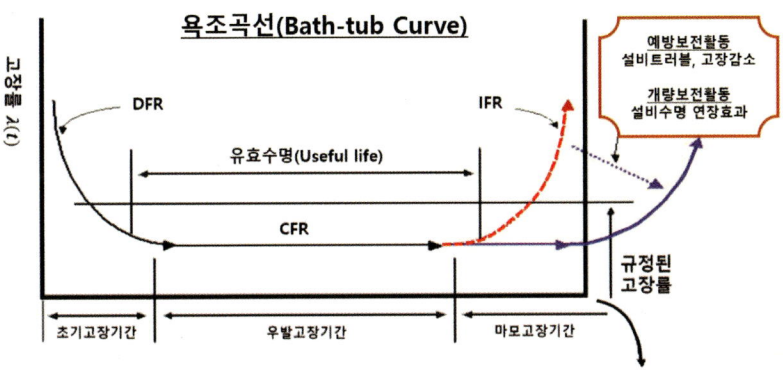

초기고장 기간은 생산설비가 공장에 설치되고 시운전 완료 후 고장 없이 안정적인 생산활동이 시작되는 기간을 말한다. 이 시기에 발생하는 고장은 예측하기 어렵고, 갑작스럽게 발생할 수 있어 근로자의 안전을 위협할 수 있다.

초기고장은 주로 설계결함, 제조 공정상의 불량, 부적절한 설치나 조립 문제 등이 원인으로 작용한다. 역설적이지만 향후 안정적인 생산활동을 위해 담당자들이 생산설비에 대해 많은 것을 직접 경험하고 배울 수 있는 기회가 된다.

기계설치나 테스트 과정에 적극적으로 참여해 확인된 결함이나 문제점에 대한 히스토리를 잘 기록하고 관리할 필요가 있다. 특히 안전장치의 작동원리를 포함한 테스트를 직접 시도해 보고, 기계장치의 작동원리도 이해해야 한다.

초기고장 기간에 축적된 생산설비에 대한 지식은 향후 생산활동 시 설비의 안정적인 유지관리 상태를 지속하는 데 많은 도움을 준다.

우발고장기간은 생산설비가 안정적으로 가동되기 시작해 부품의 마모나 결함, 노후화 등의 원인으로 고장률이 증가하기 전까지의 단계다. 정상적인 생산활동이 진행되는 단계다.
고장률이 낮지만, 언제든 돌발적으로 발생할 수 있는 무작위 고장으로 인해 안전사고가 발생할 가능성이 항상 존재하는 구간이다. 외부충격, 전력공급중단과 같은 예측 불가능한 요인에 의해 무작위로 발생하는 고장

구간이다.

경험하지 못한 비상 상황의 대응 과정에서 자칫 근로자의 안전사고로 이어질 가능성이 높다. 사전 위험성평가 등을 통해 생산활동에 영향을 미칠 수 있는 요인들을 찾아내 시나리오를 만들어 근로자를 대상으로 한 지속적인 교육과 훈련이 필요하다.

해당구간의 경우 안정적인 생산설비의 가동에 따른 근로자들의 매너리즘에 의한 안전의식 감소도 관리되어야 하는 중요한 요소다.

마지막 마모고장기간의 경우 서서히 부품의 피로, 부식, 마모, 노화 등이 나타나기 시작하는 구간으로 시간이 지남에 따라 발생하는 물리적 손상이 주요 원인이다.

제어계통, 안전장치 등 핵심 부품이 제 기능을 상실하면 대형 사고의 위험이 매우 높아진다. 특히, 안전장치 등은 정상상태가 유지될 수 있도록 필수적인 관리가 필요한 단계다.

마모고장기간의 경우 예방보전 및 개량보전 활동을 통해 생산설비의 수명을 연장한다. 이러한 활동은 회사의 생산성을 유지함과 동시에 설비 고장으로 인해 파급될 수 있는 안전사고도 예방하는 효과가 있다.

기계, 설비의 욕조곡선은 생산, 품질, 안전의 통합적인 의미를 함축하고 있다. 기존의 사고결과에 대응하는 안전관리가 아닌 우리 회사 예방관리의 방향성을 유추해볼 수 있는 좋은 개념이다.

18
유사, 반복

산업현장에서 발생하는 안전사고의 기인물[58]은 통계적으로 다음과 같은 순위로 많이 나타난다. 아래는 고용노동부 산업재해 통계와 관련 보고서를 기반으로 한 대표적인 기인물 순위다.

- 기계 및 설비
  프레스, 절단기, 컨베이어 등에서 끼임·절단 사고 빈번
- 가설물 및 구조물
  비계, 거푸집, 발판 등에서 추락사고가 자주 발생
- 운반기계 및 차량
  지게차, 크레인, 트럭 등과의 충돌·끼임사고
- 전기설비 및 배선
  감전, 화재, 폭발 위험이 높음
- 화학물질 및 위험물
  누출, 폭발, 중독 등으로 인한 사고
- 공구 및 작업도구
  드릴, 해머, 용접기 등에서의 부주의로 인한 사고

---

[58] 재해를 유발한 직접적인 물리적 요인

- 작업환경 자체

  미끄러운 바닥, 협소한 공간, 조명 부족 등
- 개구부 및 고소작업면

  개방된 구멍, 고소작업대에서의 추락
- 건축자재 및 부자재

  낙하, 전도, 파손으로 인한 사고
- 굴착면 및 절토면

  붕괴, 매몰 위험이 있는 지반 작업

다양한 기인물 대비 재해 형태는 화재·폭발, 감전, 중독·질식을 빼면 낙하·추락, 끼임(협착), 부딪힘, 넘어짐 등이 다수의 비중을 차지한다. 산업현장에서 발생하는 중대산업재해는 유사한 형태의 반복이다.

코로나 이후 정체된 생산활동도 예전 같지 않은데 산업안전 관련 지표가 최근 몇 년간 호전될 기미가 보이지 않는다. '중처법' 시행 이후 예방을 위한 정부나 기업차원의 활동이 예전만 못한 것은 아니다. 이대로 고착되어 가는 느낌이다.

30년 전 필자가 알고 있던 안전사고 유형들이 최근에도 계속되고 있는 사례들에 대해 공유해 본다.

과거 현장에서 폐드럼통을 공구 보관통으로 사용하기 위해 임의 절단하다 폭발해 중대산업재해로 이어졌던 사례들이 있었다. 어느 시점부터 동일한 사고 사례를 들을 수 없었다.

최근 동일한 사고가 중대재해 알림톡에 들어왔다. 나의 기억 속에서 없어졌을 뿐이지 사고 유형자체가 사라진 것이 아니었다.

상생 협력 매칭컨설팅을 위해 모기업 협력사를 방문했다. 협력사의 최근 협착 사고 사례를 확인했다.

에어 임팩트 렌치[59]를 사용해 볼트를 해체하는 과정에서 반대편 볼트가 같이 돌아가는 것을 방지하기 위해 한 사람은 해머 렌치[60]를 손으로 잡아 볼트가 헛도는 것을 방지한다.

이러한 과정이 반복되면서 어느 한순간 볼팅을 위해 오해머를 들어 내려치는 작업자와 해머 렌치를 잡고 있는 작업자와의 호흡이 맞지 않아 해머 렌치를 잡고 있던 작업자의 손이 협착된 사고였다.

"소장님! 이런 사고 30년 전에도 간혹 있었는데 2024년에도 동일한 사고가 나오네요."

현장은 30년 전에 사용했던 공구, 작업 방법 그대로다.
과거에도 그랬다. 한 회사 단지 내에서 크고 작은 유사한 유형들의 안전사고들이 서로 다른 공장에서 시간차를 두고 발생하는 경우를 자주 보았다.

---

[59] 압축공기를 이용해 강한 회전력을 전달하는 공구로, 주로 자동차 정비, 건설 현장, 산업용 작업 등에서 볼트나 너트를 빠르게 조이고 푸는 데 사용.
[60] 해머 렌치는 강한 충격을 가해 고정된 볼트나 너트를 풀거나 조일 때 사용하는 수공구.

동종사도 상황은 다르지 않다. 대한민국 전체 산업현장으로 확대해 보아도 30년 전과 비교할 때 재해율은 줄었지만 유사한 내용의 사고가 계속 반복되고 있다.

이러한 현상은 조직이나 인간의 이타주의[61]의 부족에서 나타나는 결과다.

사고를 당한 근로자는 자기 보호본능이 작용한다. 낙인, 책임 추궁에 대한 두려움, 근로자가 속한 팀의 경우도 팀에 대한 윗선의 인식, 평가등 사고로 인한 부정적인 요소가 많다.

진실에 대한 원인을 밝혀 근본 대책을 세우려는 노력보다는 빨리 수습하는 것이 낫다고 생각한다. 이러한 인식은 사고 사례에 대한 정보의 흐름이나 내용의 정확성에 대한 부정적인 결과로 이어진다.

결국 안전사고 예방을 위해 가장 중요한 '반면교사'라는 현실적인 동기(動機)의 기회를 날려 버린다.

2000년대 이후부터 기업의 혁신활동에서 실패를 중요한 자산으로 인식하는 현상이 확산되기 시작했다.

이 시기는 스타트업 붐, 디지털 전환, 애자일(Agile)[62] 조직 문화의 확산과 함께 실패를 단순한 실수나 낭비가 아닌 학습과 성장의 기회로 보는 관점이 자리 잡기 시작했다.

---

61 자신의 이익보다 타인의 행복을 우선시하며 자기희생을 감수하는 태도나 행동을 의미.

62 빠르게 변화하는 환경에서 유연하고 효율적으로 대응하기 위해 개발된 프로젝트 관리 및 소프트웨어 개발 방법론. 불확실성이 높은 혁신 활동이나 IT 프로젝트에서 널리 사용되며, 짧은 주기, 지속적인 피드백, 팀 간 협업이 핵심 요소다.

유사한 내용의 안전사고가 반복되는 순환고리를 차단하기 위해 기업이 참고할 만한 사례다. 안전사고를 단순한 일회성 사고로 처리하지 말고 안전한 회사를 만들기 위한 자원으로 활용할 것을 추천한다.

이미 발생한 안전사고는 어쩔 수 없다. 가장 중요한 것은 재발을 방지하는 것이다. 사고 조사는 사실에 근거해 정확한 원인을 밝혀야 한다. 사고와 연관된 사람들의 협조가 필수적이다. 관리의 유연성으로 풀어내야 할 과제다.

19
CHECK LIST

체크리스트 하면 떠오르는 사람이 있다. 이국종 교수다. 한 방송프로그램에 출연해 체크리스트를 "허벅지에 붙여 놓고 본다."라고 언급했다.

"이렇게 하지 않으면 생명을 잃는다."라고 말했다.

구체적이고 현장에서 바로 적용할 수 있는 체크리스트의 철저한 준수가 생명을 살리는 핵심임을 강조했다.

산업현장의 안전사고를 예방할 수 있는 가장 심플하면서도 사용이 편리한 도구가 체크리스트다. 작업자의 실수를 방지하고, 작업 진행 중 누락에 의한 위험 요인을 원천 차단할 수 있다.

체크리스트 하나만 잘 사용할 수 있도록 해도 현장의 중대산업재해 예방에 효과를 볼 수 있다.

체크리스트가 현대적인 의미로 대중화되고, 정착된 결정적인 계기는 1935년 보잉 B-17 폭격기 추락 사고였다.[63]

미 육군 항공대가 차세대 장거리 폭격기 도입 사업을 진행하고 있었다. 보잉사의 B-17 시제품은 다른 경쟁 기종보다 훨씬 뛰어난 성능을 자랑했다.

---

[63] https://www.acc.af.mil/News/

최초 시험 비행서 이륙 직후 기체가 급상승하며 추락하는 사고가 발생했다. 당시 조종사는 미군 최고의 베테랑 조종사였다.

조사 결과, 복잡한 신형 항공기에 익숙지 않았던 조종사가 이륙 전 필수 절차인 '엘리베이터 방향타 고정 장치(gust lock)'를 푸는 것을 잊어버린 것이 원인이었다.

사고의 교훈을 바탕으로, 보잉사는 조종사들이 복잡한 절차를 빠짐없이 확인할 수 있도록 '이륙 전 점검(preflight checklist)' 목록을 만들었다.

이 체크리스트 덕분에 조종사들은 실수를 줄이고 안전하게 비행기를 조종할 수 있었으며, B-17은 이후 제2차 세계대전에서 큰 활약을 펼쳤다.

의사 아툴 가완디가 저서 『체크! 체크리스트(The Checklist Manifesto)』를 통해 항공산업의 체크리스트 개념을 의료 분야에 적용하는 중요성을 강조하며 널리 알려졌다.

산업현장에서 작업자의 실수를 차단할 수 있는 가장 유용한 기법임에도 불구하고 활성화는 안 되고 있다. 여러 가지 이유가 있을 수 있다.

기업 문화에서 안전보다 생산성을 우선시하는 경향은 안전점검에 충분한 시간과 자원을 할당하지 않는다. 체크리스트는 단순히 법규준수나 형식적인 절차로 인식되어 관리되고 있다.

공단에서 제공하는 현장 상황과 연계되지 않고 공통적인 사항을 토대로 만들어 공유되는 체크리스트는 현장작업자의 입장에서는 실효성을 느끼지 못하고, 체크리스트 실효적 효과를 반감시킨다.

한국 특유의 '빨리빨리' 문화도 작업자가 안전수칙을 철저히 지키기보다 신속한 작업완료를 우선하도록 만든다.

소규모 현장에서는 인력 부족과 촉박한 일정 때문에 안전점검이 제대로 이루어지지 않는 경우가 많다. 체크리스트 같은 것은 안중에도 없다.

체크리스트의 활용에 대한 선택권은 기업이 가지고 있다. 모든 작업에 체크리스트가 필요한 것은 아니다.

사업장에서 위험성이 높은 작업, 작업자의 실수로 생산이나 품질에 큰 영향을 미칠 수 있는 작업 등 체크리스트가 필요한 작업을 찾아 적극적으로 활용해야 한다. 비용 투자 없이 안전사고를 예방할 수 있는 효과적인 도구다.

현장에서 체크리스트를 효과적으로 활용할 수 있는 몇 가지 케이스를 정리해 보았다.

비정형 작업의 안전성 확보를 위해 LOTO 도입이 어렵다면 대안으로 체크리스트 사용을 권장한다.

매일 반복되는 TBM 활동 시 업의 특성을 고려한 위험사항에 대해 체크리스트를 사용해 작업자에게 강조할 것을 추천한다.

관리감독자 본인이 경험을 바탕으로 주기적인 현장점검 시 활용해도 좋다. 형식적인 현장 순회점검의 단점을 보완할 수 있다.

작업자가 자신의 안전한 작업을 위해 개인별로 만들어 사용하는 것도 좋은 방법이다. 활용 전 관리감독자의 결재가 필요하다.

체크리스트 활용 방안을 더 찾아보려면 알고 있는 작업자의 실수, 불안전한 행동에 기인한 사고 사례를 대상으로 체크리스트를 사용했다면 어땠을까? 하는 생각을 해 보는 것도 체크리스트의 기업 내 사용 포인트를 확대시킬 수 있는 방법이다.

체크리스트가 사업장 안전사고예방에 효과를 볼 수 있으려면 체크항목의 누락이 없어야 한다. 구성원의 합의가 필요하다.
체크리스트는 한번 만들어 계속 사용하는 것이 아니다. 과정을 통해 나타나는 보완점을 지속적으로 업데이트시켜 활용해야 한다.

세상에 나와 있는 체크리스트는 참고용이다. 기업의 상황에 맞게 보완해 사용해야 한다.

체크리스트는 작업자의 실수를 방지할 수 있는 도구다. 작업자의 액션이 필요하거나, 기계, 설비의 점검이 필요한 작업에 대해 누락을 방지하는 안전의 파수꾼 역할을 담당할 수 있다.

추가적으로 책임 관계를 명확히 할 수 있다. 기존의 안전관리에 대한 관점을 바꾸어 체크리스트의 사용처를 찾아보고 활용도를 높여 보자.

20
불안전한 행동

안전관리의 목적은 명확하다. 사고예방이다. 예방활동 효과는 결과적 사실에 근거할 때 높아진다. 중대산업재해가 발생한 원인을 알고 있는 사람은 본인이다. 두 번째 기업, 세 번째가 조사기관이다. 단계가 뒤로 갈수록 원인규명이 쉽지 않다. 망자는 말이 없다.

원론적으로 실효성 있는 예방대책을 만들고 시행해야 하는 주체는 기업이다. 정부가 만들어 시행하는 법과 지침이 현장의 실정과 맞지 않는 부분에 대한 일정 책임은 기업에 있다. 진실제공을 꺼리는 기업에서 탁상행정을 탓할 일은 아니다.

작업자의 불안전한 행동(unsafe act)은 사고로 이어질 수 있는 위험성이 높다. 일반적으로 안전사고는 불안전한 행동과 불안전한 상태가 겹쳐서 일어나지만 비중은 '불안전한 행동'이 크다. 심리적 변화의 영향을 받는 인간의 특징을 고려하면 당연하다.

작업자의 불안전한 행동을 예방하기 위한 기준이나 운영방법은 현장의 상황을 가장 잘 알고 있는 구성원들의 의견을 수렴해 제정하고 시행하는 것이 바람직하다.

불안전한 행동이 차지하는 비율이 평균적으로 70~80%로 높다. 비교국가 중 가장 낮은 60%의 독일에 주목해야 한다.

작업자의 불안전한 행동은 중대재해 예방을 위해 반드시 관리되어야 할 핵심 요소 중 하나다. 하지만 진정한 중대재해 예방을 위해서는 행동을 유발하는 근본적인 시스템과 관리적 결함을 함께 개선하려는 노력이 병행되어야 한다.

산업재해의 주요 원인 중 불안전한 행동의 국가별 비율

국가	불안전한 행동	불안전한 상태	복합적 요인	비고
한국	약 80%	약 10%	약 10%	한국산업안전보건공단 기준
미국	약 88%	약 10%	약 2%	하인리히 기반(NSC통계)
일본	약 70%	약 20%	약 10%	일본 노동재해 통계기준
독일	약 60%	약 30%	약 10%	독일 BG 통계기준

독일의 산업재해 예방 구조와 시스템을 통해 불안전한 행동이 타 국가 대비 낮은 이유를 살펴보았다.

① 체계적인 산업안전보건 정책

독일은 공동산업안전보건전략(GDA)[64]을 통해 연방정부, 주정부, 산재보

---

[64] GDA(Gemeinsame Deutsche Arbeitsschutzstrategie): 산업재해 예방을 위한 국가차원의 협력 전략.

험기관이 협력해 산업재해 예방 정책을 수립하고 집행하고 있으며, 위험 요소별 우선순위를 정하고, 중소기업에 적합한 예방정책을 개발해 실효성을 높였다.

② 자율예방 시스템 구축

법규를 일일이 나열하는 방식에서 벗어나, 기업이 자율적으로 예방활동을 할 수 있도록 법체계를 개편했다. 기업의 자율성과 책임을 강조하면서도, BGs(직종조합)[65]가 감독과 기술지원을 병행해 실질적인 안전 확보가 가능하다.

③ 안전문화운동의 역사

1960년대 중반부터 시작된 안전문화운동은 "안전은 비용이 아니라 투자"라는 인식을 사회 전반에 확산시켰다. 이 운동은 국민적 공감대를 형성하며, 안전을 개인의 책임이 아닌 사회 전체의 가치로 자리 잡게 했다.

필자가 현장지도 활동 중 몸으로 익혔던 '안전은 돈이 아니다'라는 인식을 본 책자를 집필하는 과정에서 독일에서는 1960년대에 언급되기 시작했다는 내용을 보고 조금 놀랐다. 본질적인 안전에 대한 생각은 국가와 인종이 다를 수 없다는 사실을 확인할 수 있었다.

④ 위험성평가제도의 정착

1996년부터 도입된 위험성평가제도는 사업주에게 재량을 인정하면서도 법적 책임을 부여해 실질적인 예방활동을 유도했다.

---

65 BGs(Berufsgenossenschaften), 즉 직종조합은 산업재해 예방과 보상 시스템의 핵심 축

위와 같은 제도와 문화 덕분에 독일은 **불안전한 행동을 유발하는 구조적 요인을 사전에 제거하고, 개인의 행동보다는 시스템적 예방에 집중하는 방식으로 접근**해 불안전한 행동이 산업재해의 주요 원인으로 나타나는 비율을 낮출 수 있었다.

전반적인 내용이 우리의 제도와 크게 다르지 않다. 제도의 운영효과에 대한 차이는 불가항력이다. 지금으로부터 50년 전에 안전에 대한 중요성을 인식하기 시작했다.

근로자의 불안전행동 비율을 낮추기 위해 독일 사례를 종합적으로 참고해 응용할 만한 내용이 많다.

예방정책 개발에 대한 대기업 집단과 중소기업 간 차별화, 기업의 자기규율 예방체계 운영역량 강화, 위험성평가에 대한 수용성 확대, 안전에 대한 사회적 공감대 확산방안 등에 대한 거시적 관점의 전략적 접근체계가 필요하다.

우리나라 산업현장에서 발생하는 대부분의 안전사고의 원인을 작업자의 불안전한 행동으로 보는데 기여한 인물이 하인리히다. 1931년에 현장에서 청구된 보험서류를 분류해 1:29:300 법칙을 만들었다.
300은 경미한 사고나 아차사고다. 그냥 모른 체하고 넘어가도 무방한 부분이다. 설령 불안전한 상태가 일정 부분 300의 수치에 들어 있다고 해도 그것을 개선하려는 경영자가 존재할 수 있을까. 의문이다. 1의 결과에 대한 대책도 제대로 이행되지 않고 있다. 「중대재해처벌법」이 시행된 이유다.

사고는 누구에게나 숨기고 싶은 대상이다. 좋은 일도 아닌데 굳이 원인규명을 위해 끈질기게 물고 늘어져 불안전한 상태인지, 불안전한 행동인지 아니면 복합적인 요인인지 명확하게 구분할 필요성을 다수가 느끼지 못한다.

사고 원인에 대한 불안전한 상태와 불안전한 행동의 영향력이 명확해질 경우 사고에 대한 책임 관계도 영향을 받는다. 조직 내에서 향후 사고 예방보다는 현재 발생하는 노이즈에 대한 신속한 마무리를 원하는 경향이 높다.

사고의 대부분을 불안전한 행동으로 돌리면 모든 업무절차가 간소해진다. 겉으로 드러나는 통계에는 편향적인 영향력이 작용되어 있을 것으로 추정된다.

Safety-Ⅰ vs Safety-Ⅱ 비교

구분	Safety-I (전통적 접근)	Safety-II (현대적 접근)
초점	사고와 실패를 줄이는 것	성공적인 수행을 이해하고 강화하는 것
사고원인	인간의 실수, 시스템 결함	복잡한 환경에서의 적응실패
인간역할	위험요소, 오류의 원천	유연하고 창의적인 문제 해결자
접근방식	규정준수, 오류제거	회복탄력성 강화, 실제 작업 이해
목표	"무엇이 잘못 되었는가?"	"무엇이 잘 되었는가?"

현장에서 발생하는 안전사고의 발생 원인을 불안전한 행동으로 종결시킬 경우 예방대책이 개인보호구 착용이나 안전교육 외에는 없다. 유사한 내용의 사고가 지속적으로 반복되는 가장 큰 원인이다.

포괄적인 관점으로 들여다보고 판단하자. 작업자가 임의로 방호장치를 해체하고 작업을 하다 안전사고가 발생했다고 가정하자. 이러한 상황이 불안전한 행동으로 처리되려면 방호장치를 해체하고 바로 사고가 났을 때 성립할 수 있다. 그렇지 않다면 개인의 불안전한 행동이 아니다. 관리적 문제가 누락되었다. 복합적인 요인으로 보아야 한다.

21
3점 5S

산업안전보건기준에 관한 규칙은 총 4편 13장 673조로 구성되어 있다. 제1조 목적, 제2조 정의, 제3조가 전도의 방지, 제4조가 작업장의 청결이다.

전도와 작업장 청결이 673개의 조문 중 제일 앞에 배치되었다는 의미는 전체 산업에 해당되는 공통적인 항목이라는 이유도 있겠지만, 필자의 생각은 지금까지 산업현장에서 발생했던 수많은 안전사고의 직간접적인 원인으로 해당 항목이 가장 큰 영향을 미쳤기 때문으로 본다.

산업현장의 안전사고를 예방하기 위한 방법은 의외로 단순하다. 비용을 생각하고, 체계를 논하고, 기법을 따지고, 복잡한 이야기를 할 필요성이 없다.

안전관리에 대한 논의가 깊어지면 배가 산으로 간다. 업무량이 증가하고, 형식으로 치우칠 개연성이 높아진다. 모든 논의는 현장의 수용성을 염두에 두어야 한다. 심플한 것이 최고다.

안전관리의 핵심은 '예방'이다. 사고가 발생했을 때를 대비하기 위한 보험용 액션이 자칫 안전관리를 다했다는 기업의 착각으로 이어질 수 있다. 지금까지 예방보다 결과에 치중했던 정부의 정책 운영에 익숙해진 기업에서 나타나는 현상들이다.

근자(近者)에 예방활동의 중요성을 논하는 사람들이 눈에 띈다. '어떻게?'에 대한 답은 별로 듣지 못했다.

필자가 생각하는 답은 산업안전보건기준에 관한 규칙 제3조, 제4조에 대한 충실한 실행이다. 일회성이 아닌 지속성과 전원 참여를 담보로 기업문화로 정착시켜야 한다.

생산현장의 청결 상태는 안전사고 발생률을 크게 낮추는 핵심 요소다. 산업안전보건기준에 관한 규칙이 이를 증거하고 있다.

3정 5S는 일본 제조업의 혁신을 이끈 핵심 관리 기법 중 하나로, 토요타 생산 시스템(TPS)과 깊은 관련이 있다. 국내의 일부기업에서 시행하고 있는 '3정 5행'은 일본어로 시작하는 S를 행으로 바꾸어 부르는 것이다.

3정 5S의 목적은 작업환경개선, 생산성향상, 낭비 제거가 주목적이다. 생산과 품질의 관점이다. 표면적으로 안전의 관점이 빠져 있다. 근본적으로 3정 5S를 통해 생산과 품질 향상이라는 과정 안에 녹아 있기 때문이다.

3정은 정위치, 정품, 정량이다. 정위치, 모든 자재와 도구를 정해진 위치에 보관. 정품, 규격에 맞는 올바른 제품을 사용. 정량, 필요한 만큼만 보관해 낭비 방지를 의미한다.

5S 정리, 정돈, 청소, 청결, 습관화는 일본어로 시작하는 정리(Seiri) 불필요한 것 제거, 정돈(Seiton) 필요한 것 쉽게 찾도록 정리, 청소(Seisoh) 깨끗한 작업 환경 유지. 청결(Seiketsu) 정리·정돈·청소 상태 유지, 습관화(Shitsuke) 규칙을 몸에 익히도록 훈련의 다섯 가지를 합쳐 5S라고 한다.

3정 5S 활동은 대한민국 경제팽창기인 1980년대부터 제조업 현장에서 분임조[66]단위의 제조업현장 분임조제조업 중심에서 전 산업으로 확산되었다.

처음에는 자동차 산업 등 제조업에서 활용되었지만, 이후 병원, 사무실, 서비스업 등 다양한 분야로 확산되었다. 일본의 품질관리방식이 세계적인 주목을 받으면서 3정 5S는 미국, 유럽 등에도 널리 알려졌다.

한국에 3정 5S 활동이 본격적으로 도입된 시기는 1980~1990년대다. 이 시기 국내 대기업들이 품질경영(QC[67], TQC[68], TPM[69])을 적극적으로 도입하면서 일본의 제조 혁신 사례, 특히 도요타의 TPS(Toyota Production System)가 주목받았고, 그 핵심 중 하나였던 3정 5S가 함께 확산되었다.

이후 2000년대에는 ISO9001, ISO14001 같은 국제 인증이 기업 경쟁력의 핵심으로 떠오르면서, 3정 5S는 단순한 생산 방식이 아니라 경영 전반에 스며드는 생활화된 습관으로 자리 잡았다.

---

66 현장근무자들이 업무와 관련된 문제를 찾아내고 개선방안을 모색하는 준자발적 조직
67 QC(Quality Control) 제품이나 서비스가 정해진 품질 기준을 만족하도록 관리하고 개선하는 활동
68 TQC(Total Quality Control, 전사적 품질관리 활동)
69 TPM(Total Productive Maintenance, 전사적 생산보전)은 설비 효율을 극대화하고 생산성과 품질을 동시에 향상시키기 위한 전사적 관리 기법

품질경영 기법 중 TPM 활동의 특징인 8본주 활동에는 안전한 작업환경 조성을 위한 '안전, 보건, 환경활동'이 포함되어 있다.

석유화학 회사에 근무했던 필자도 TPM 활동을 통해 많은 것을 배웠다. 석유화학공장 경쟁력의 핵심은 '연속안전안정가동'이다. 전사적인 TPM 활동을 통해 회사 안전과 안정가동을 유지했었다.

대한민국 산업현장에 품질활동이 확산되었을 때 정부에서 산업현장의 안전의 중요성에 대한 관심이 있었다면, 기업의 3정 5S 활동 시 생산, 품질, 안전에 효과가 있다는 것을 주지시켰다면 어땠을까 하는 아쉬움이 남는다.

당연한 것을 하나로 엮어 내지 못하는 본질적인 이유는 관장하는 정부 부처가 다르기 때문이다. 품질관련 사항의 경우 산업통상부, 안전 관련 인적사고 업무의 경우 고용노동부가 주관한다.

PSM 대상 사업장의 경우 설비 트러블 방지를 위해 노력하는 것은 기업의 경쟁력 유지도 있지만 중요한 것은 트러블과정에서 인적사고로 이어질 수 있는 가능성을 차단하기 위함이다. TPM 활동을 통해 현장의 안전까지 확보했다.

중대산업재해 예방방법 중의 하나가 깨끗한 작업환경을 유지하는 것이다. 50인 이하 중소기업의 경우 3정 5S 활동을 적극적으로 실천할 것을 권장한다.

형식은 굳이 따질 필요 없다. 시간은 일주일에 1시간 정도면 족하다. 내가 근무하는 주변부터 조금씩 해 보자.

매일 같이 동일한 업무를 하는 근로자라면 TBM활동을 3정 5S로 대신해 보자. 작업시작 전 내가 근무하는 주변을 10분정도 청소하고 나서 업무를 시작하는 습관을 들여 보자.

생산, 품질, 안전이 추구하는 본질은 같다. 다만 이를 관리하는 사람들의 관점이 다를 뿐이다. 다름에는 눈에 보이지 않는 벽이 존재한다.
산업현장의 안전사고 예방활동을 실효적 효과를 높이기 위해 무너뜨려야 할 대상이다.

중소기업을 방문하다 보면 3정 5S 활동의 필요성에 공감하시는 분들을 간혹 만날 수 있다. 과거 대기업 근무경험이 있으신 분들이다. 활동의 효과를 경험하신 분들이다.

현장에서의 실행효과가 좋은 줄 알면서 구인난을 겪고 있는 중소기업의 입장에서 구성원들의 의식, 문화적 이질성, 고령화에 따른 작업자의 매너리즘 등을 제어할 수 있는 현실적인 대안 마련이 쉽지 않다.

정부 관련 부처와 산하 기관이 모여 머리를 맞대고 시너지를 높일 수 있는 방안에 대해 고민해 주면 좋겠다.

22
편법

"편법"은 법의 본래 취지나 목적을 우회하거나 악용해 형식적으로는 법을 어기지 않지만 실질적으로는 부당한 이익을 취하는 행위를 의미한다. 쉽게 말해, 법망을 피해가는 꼼수라고 볼 수도 있다.

중소기업을 방문하다 보면 다양한 편법을 만난다. 편법이라는 표현보다는 어쩔 수 없는 선택인 경우도 있다. 법 따로 현장 따로다.

중소기업의 위험성평가 지도 과정에서 필자보다 연배가 위인 사업주와의 만남을 통해 사업의 고단함을 공감했다. 현재가 있기까지 오랜 기간 어려운 과정을 버터 냈다.

다수의 사업자들을 무너뜨린 코로나가 그분에게는 결정적인 터닝포인트가 되었다. 쏟아져 들어오는 제품의 수주량은 불과 3년 사이에 회사의 상태를 환골탈태시켰다.

내가 방문했을 때는 회사건물도 새롭게 짓고 근무환경도 프레스, 로봇, 용접, 사상작업이 이루어지는 업의 특성을 생각할 때 깨끗했다.

"대표님! 법에 주 40시간 근무 규정이 있는데 작업자들 근무시간 초과 시 문제가 될 수 있는데 괜찮아요?"

"법 지키면 사업 못 합니다. 80%가 외국인입니다. 돈 벌려고 낯선 나라를 선택한 사람들입니다. 돈벌이가 안 되면 회사 떠납니다."
어쩔 수 없는 선택임을 강조하신다.

분명 지배관계는 명확한데 법인명이 두 개인 곳도 있다. 같은 공간에 공정을 나누어 사내도급 형태로 운영되는 곳도 있다.
이러한 현상은 근로자 수가 증가함에 따라 준수해야 하는 법적규정과 절차의 복잡함을 피하기 위한 합법적인 편법에 기인하는 경우가 대부분이다.

도급의 목적은 고용에 따른 관리의 어려움과 인건비 절감이라는 일거양득을 취할 수 있는 효과적인 수단이었다.
기존에 양성화되고 묵인되었던 관례들이 「중대재해처벌법」 본격 시행 이후 경영책임자의 법적 책임 관계에 대한 불명확성을 확대시켰다.

중대산업재해 예방관점에서 보면, 사업장에서 사용되는 각종 '편법'들은 단기적인 비용 절감이나 인력운용의 유연성을 추구할 수 있지만, 장기적으로는 기업의 안전 리스크가 높아질 수 있으며, 이를 예방하기 위한 비용의 증가로 이어질 수 있다.

국민들의 안전의식 향상으로 인해 기업활동에 영향을 미치는 상황들이 조금씩 현실로 나타나고 있다. 기업의 안전에 대한 경영관점이 형식에서 실제적인 행동을 통한 안전문화로 정착될 수 있도록 변화가 필요한 시점이다.

소규모 중소기업도 예외가 될 수는 없다. 정부의 묵인하에 유지되고 있는 '편법'들에 대한 중기적 관리대책을 정상화시킬 수 있는 자체 방안을 모색해야 한다.

사업장에 중대산업재해가 발생할 수 있는 확률을 높일 수 있는 관리 환경의 방치는 언제든지 상황에 따라 사업의 존폐로 이어질 수 있다.

50인 이하 중소기업의 중대산업재해 발생률이 가장 높다. 그들에게는 당장 공장에 근무할 인력을 채용하기가 쉽지 않다. 기존 근무자의 고령화, 외국인의 채용 외에는 특별한 대안이 없다.

환경여건 자체가 중대산업재해의 발생 위험성이 높은 상태에서 편법을 이용해 버티고 있는 실정이다. 이를 보완하고 산업현장의 중대산업재해 발생을 예방할 수 있는 대안 마련이 필요하다.

편법의 방치는 안전을 넘어 사회적으로 심각한 문제로 이어질 수 있다. 편법으로 나타나는 문제들을 묵인하거나 땜질식으로 대처하면, 더 큰 구조적 문제로 이어질 수 있다.

중장기적으로 사업장 안전에 영향을 미치는 기존의 편법적 요소들에 대한 정부의 신속하고 적극적인 보완대책이 필요하다.

산업현장의 '편법' 유형과 단기적 실익 비교

편법 유형	단기적 실익	중대재해 예방 관점에서의 문제점
불법 도급 / 위장 도급	• 인건비 절감 • 책임 회피 • 유연한 인력 운용	• 안전관리 책임 불명확 • 도급업체의 안전관리 미흡 • 중대재해처벌법상 원청 책임 강화
근무시간 초과 / 휴게시간 미보장	• 생산량 증가 • 납기 단축 • 인력 충원 없이 운영	• 피로 누적 → 사고 위험 증가 • 법정 노동시간 위반 → 과태료 및 형사처벌 가능 • 작업 집중력 저하로 중대재해 유발 가능성
법인 쪼개기 (분할 운영)	• 근로자수 증가에 따른 규제 이행 축소 • 책임 분산 • 과징금·처벌 축소	• 실질적 지배 구조는 동일 → 법적 책임 인정 가능 • 안전관리 체계 분산 → 통합적 대응 어려움 • 법인 간 책임 떠넘기기 발생
안전관리자 형식적 배치	• 법적 요건 충족 • 인건비 절감	• 실질적 안전관리 미흡 • 사고 발생 시 책임 소재 불분명 • 형식적 대응으로 안전문화 저하
산재 은폐 / 축소 보고	• 산재보험료 인상 방지 • 기업 이미지 보호	• 반복 사고 가능성 증가 • 법적 처벌 강화 (은폐 시 형사처벌) • 근로자 신뢰 저하 및 내부 고발 위험

23
이중화

카카오톡에 중대재해알림톡이 올라올 때마다 재해발생 사례 그림을 보고 내가 지도했던 회사가 아닌지 확인하는 습관이 생겼다. 일종의 책임의식 같은 것이다.

안전컨설팅을 수행하는 사람들의 심정은 필자와 같을 것이다. 불가항력이든 우연이든 지도했던 회사에서 안전사고가 발생하면 법적 책임 관계를 떠나 오점으로 남기 때문이다.

2024년 4월 경남에 있는 자동차 부품회사에 위험성평가 지도를 위해 방문했다. 제조부문을 총괄하셨던 임원분의 안전관리에 대한 중요성과 관심이 높았던 것으로 기억된다.

가동 중인 현장 상태를 확인하면서 가장 먼저 눈에 들어온 것이 코일이었다. 보관대에 적재된 코일의 경우 선입 선출 과정에서 코일과 코일 사이 유격이 클 경우 협착사고가 발생할 위험성이 높다. 코일을 원료로 사용하는 사업장에서 코일에 협착되는 중대산업재해 사례가 공유되고 있다.

다행히 코일 보관대에 일정 간격으로 홀이 있어 코일 간 유격발생 시 전도방지를 위해 지지대를 홀에 꽂아 코일의 전도를 예방하고 있었다.

프레스를 포함한 생산 설비들의 주기적인 오염원 제거 및 누출된 기계유에 대한 제거작업 등이 아쉬웠다.

전반적으로 공간이 좁았다. 생산현장에서 협소한 공간은 다양한 잠재위험을 내포하고 있다. 작업자의 움직임을 제한하고, 물리적 충돌 및 끼임 위험, 긴급상황 시 대피 및 구조 활동이 어렵다.

협소한 공간은 동사를 포함한 다수의 중소기업이 갖고 있는 문제다. 안전사고예방을 위해 효율적인 공간활용을 위한 검토 및 보완이 필요해 보였다.

공장 내부를 점검하는 과정에서 천장크레인이 움직였다. 코일을 인양한 상태로 각종설비 및 작업자 위를 지나가고 있었다.
매달린 코일의 움직임을 제어할 수 있는 보조로프도 없었다. 천장크레인이 레일을 타고 앞으로 나아가거나 좌우로 위치를 변경할 때마다 매달린 코일의 움직임이 불안했다.

섬유벨트의 파단위험, 팰릿으로 받쳐진 코일의 움직임에 의한 떨어질 위험. 코일 보관대 선입선출 작업 및 줄걸이 준비작업 과정에서 중량물에 의한 협착 등 많은 위험 요소가 예상되었다.

천장크레인 코일 인양 이동 작업, 명품안전컨설팅 자료 사진

필자의 눈에만 불안해 보이는 것이 아니었다. 현장을 관리하는 임원도 잠재위험성을 인지하고 있었다.

대책 중의 하나가 사진에 보이는 팰릿 위에 코일을 올려 섬유벨트가 코일의 끝부분과 접촉에 의해 파단되는 것을 방지하는 것이었다.

필자 생각에 대책의 효과보다는 위험 요인이 증가되었다는 생각이 들었다. 중량물을 받치고 있는 것이 목재였다. 강도가 문제될 수 있었다. 인양 작업 과정에서 팰릿 파손에 의해 코일이 떨어질 위험성이 높아 보였다.

현장점검 후 담당 임원과 미팅 과정에서 관련된 이야기를 나눴다. 천장크레인 코일 인양작업을 안전하게 할 수 있는 아이디어를 찾고 있는데 마땅한 아이디어가 없다고 했다.

목재 팰릿 대신 철제 바스켓과 슬링벨트가 아닌 와이어를 사용해 코일의 추락 위험성을 방지하려고 생각했다. 이야기를 하지 않았다.

인양을 준비하고 마무리 하는 과정에서 기존 방법대비 철제 바스켓 안에 코일을 넣고 빼내는 작업 과정에서 시간지연과 협소한 공간에서 철제 바스켓과 코일 사이에 끼임, 협착 등 개악이 될 수 있겠다는 생각이 들었다.

대화 중에 이중화 개념이 머릿속을 스쳤다.
"상무님! 이렇게 합시다. 인양된 코일의 중간부분에 매달린 코일이 떨어질 경우 코일을 잡아 줄 수 있도록 와이어를 통과시켜 천장크레인 후크에 섬유벨트와 함께 걸어 놓고 인양작업 하시죠. 와이어에 직접적인 힘이 미치는 것이 아니니까 길이는 조금 여유 있게 정하시고, 코일무게와 순간적으로 떨어지는 코일에 의한 충격량을 견딜 수 있어야 합니다. 와이어 규격은 제조사 사양 확인 후 구매하시면 될 것 같습니다."

6개월 정도 지난 시점에 당시 같이 방문했던 컨설턴트를 통해 전해 들었다. 받치고 있던 목재 팰릿이 파단되면서 떨어지던 코일을 와이어가 잡아줘 대형사고를 예방했다고.

위험성평가를 하는 기업의 공통적인 특징을 보면 위험 확률에 대한 대책을 수립하는 과정에서 들어가는 비용을 먼저 생각해 빈도를 낮게 잡아 최종 위험률을 의도적으로 낮추는 경우가 많다.

안전대책을 돈과 연계시키기 때문에 나타나는 현상이다. 실효성 있는 위험성평가 활동을 위해 예외 규정을 둘 것을 추천한다.

 안전한 사업장을 만들기 위한 개선활동에 소요되는 예산이 경영에 영향을 미칠 것이라는 걱정이 든다면 그것은 개선이 아니라 투자다. 위험성평가는 기업의 투자 대상을 찾기 위한 활동이 아니다.

24
레이아웃

공장의 레이아웃은 생산설비, 기계, 자재, 작업자 등의 위치를 효과적으로 배치해 생산성, 효율성, 안전성을 최적화하는 것을 의미한다.

전통적인 레이아웃은 주로 '공정별 레이아웃' 또는 '제품별 레이아웃'에 집중하는 경향이 있었다. 소품종 대량생산에 유리했다.

현재의 레이아웃 방식은 다품종 소량생산 시대에 맞춰 유연성, 효율성, 작업자 안전을 통합적으로 고려하고 있다. 특히, 린(Lean) 생산방식의 도입과 스마트 공장으로의 전환은 레이아웃 설계의 근본적인 변화를 이끌었다.

생산 라인을 모듈화해 필요에 따라 쉽게 재구성할 수 있도록 설계한 모듈형 및 유연 레이아웃(Modular and Flexible Layout) 방식은 셀 방식(Cellular layout)과 같이 생산과정을 그룹화해 작업자, 장비, 자재의 동선을 단순화시켜 불필요한 이동을 줄여 준다.

동선이 단순해지면, 보행자와 지게차, 무인 운반차 등 물류 차량의 이동 경로가 명확히 분리된다. 이로 인해 작업자/차량 간, 차량/차량 간 충돌 사고 위험이 줄어든다.

모듈형 레이아웃은 소음, 분진, 유해 화학물질 발생 등 위험한 공정을 별도의 모듈로 분리해 설치할 수 있다. 이는 유해 물질이 작업장 전체로 확산되는 것을 막고, 유해 공정 작업자 외에 다른 작업자들이 불필요하게 노출되는 것을 방지한다.

유연 레이아웃은 생산 라인을 필요에 따라 재구성할 수 있으므로, 유지보수 작업 시 작업공간을 충분히 확보할 수 있다. 이는 끼임, 넘어짐 등 사고를 예방하는 데 도움이 된다.

디지털화된 스마트 공장 레이아웃(Digitalized Smart Factory Layout) 방식은 로봇과 작업자의 동선을 분리하거나, 위험 구역을 정밀하게 관리해 안전을 강화하는 방식이다.

공장 레이아웃은 생산성뿐만 아니라 작업자의 안전에 직접적인 영향을 미친다. 부적절한 레이아웃은 동선혼잡, 사각지대 발생, 설비 접근성 저하 등을 유발해 다양한 안전사고의 원인이 될 수 있다.

공장건설을 시작하기 전에 사전심사(PSM, 유해·위험방지계획서)요청서류에 공장의 레이아웃 도면도 포함된다. 안전사고 발생 위험성을 사전에 확인하기 위함이다.

안전사고 예방을 위해 공장의 레이아웃 설계시 검토해야 하는 내용을 요약해 보면 다음과 같다.

- **명확한 동선 분리**

작업자, 지게차 등 이동 수단의 동선을 명확하게 구분해 충돌위험을 줄여야 한다.

- **충분한 공간 확보**

기계와 기계 사이, 작업자와 설비 사이 등 안전한 작업 및 이동을 위한 충분한 공간을 확보해야 한다.

- **안전표지판 및 경고 표시**

위험 구역, 비상구, 소화기 위치 등에 대해 명확한 표지판과 경고 표시를 설치해야 한다.

- **비상구 및 대피 경로 확보**

비상구를 쉽게 찾을 수 있도록 하고, 대피 경로에 장애물이 없도록 관리해야 한다.

- **안전설비 배치**

소화기, 응급 처치 키트 등 안전 설비를 접근성이 좋은 위치에 배치해야 한다.

- **적절한 조명 및 환기 시스템**

작업자의 시야를 확보하고, 유해 물질에 노출되지 않도록 적절한 조명과 환기 시스템을 갖추어야 한다.

산업현장의 안전사고 예방활동은 공장이 가동되는 단계에서 시작하는 것이 아니다. 설계하는 단계부터 공장의 안전관리가 시작되어야 한다. 안전사고의 직접원인 중 '불안전한 상태'의 경우 레이아웃 검토를 통해 상당 부분 제거할 수 있다.

필자의 경험에 의하면 가동이 오래된 공장일수록 레이아웃에 대한 문제점이 눈에 띄게 많았다.

최초 공장건설 시 레이아웃 개념이 일부 적용되었을 것으로 보였지만, 추가 증설과정에서 가장 큰 문제인 공간제약으로 인해 안전에 대한 검토는 생략한 곳이 많았다. 공장의 안전사고 발생에 영향을 미치는 근본적인 요인 중 하나를 필자는 '작업공간 협소'로 보고 있다.

작업공간에 여유가 없는 기업일수록 작업장 정리정돈이 안 되어 있는 경우가 많다. 부족한 생산공간은 원료나 중간제품이 작업장 통로를 차지하고, 기계설비의 유지관리 활동을 방해한다. 부적합의 축적은 근로자들에게 적합으로 인식된다.

영국의 심리학자 제임스 리즌(James Reason)이 1990년에 발표한 스위스 치즈 모델[70]이 작동할 수 있는 개연성이 높아진 상태로 생산활동이 계속되

---

[70] 사고가 발생하는 원인을 설명하는 위험 분석 및 관리 모형으로 여러 장의 치즈 조각에 뚫린 구멍들이 우연히 일직선으로 정렬되면, 위협이 모든 방어막을 통과해 사고가 발생한다.

고 있다.

현재의 문제를 해결할 수 있는 방법은 공장을 새로 건설하는 것이다. 현실적으로 불가능한 대안이다. 쉽지 않겠지만 차선을 선택해 보자. 3정 5S, 안전제안 활동이 대안이 될 수 있다.

25
개선제안

개선제안 활동은 근로자가 업무와 관련된 아이디어를 제안해 회사에 기여하고, 자기계발을 통해 개인의 역량을 높일 수 있다. 생산, 품질 향상뿐만 아니라 사업장 안전에도 기여할 수 있는 생산현장 중심의 중요한 활동이다.

초기 제안제도는 개선이 아니었다. 1721년, 일본 8대 쇼군 도쿠가와 요시무네가 백성들의 의견수렴을 위해 도성 앞에 '메야스바코(Meyasubako)'라는 투고함을 설치해 운용했다.

산업제안 제도의 시초가 만들어진 것은 1880년, 스코틀랜드 조선업자인 윌리엄 데니가 직원들에게 더 좋은 선박 건조 방법을 제안하도록 요청하면서 시작되었다.

생산 현장에서 제안제도가 적극적으로 장려되기 시작한 이유는 전쟁이다. 1940년대 전시 생산체제를 개선하기 위해 미국정부는 제안제도를 적극적으로 장려했다.

공장 근로자들은 효율성과 생산성 증대 방안을 제안했다. 품질관리 활동의 발전과 맥을 같이 한다.

일본은 2차 세계대전 후 미군 점령기 동안 미국의 경영 방식을 전수받으며 제안제도를 도입했다. 2차 세계대전 후 일본은 심각한 자원 부족에 직면했고, 생산 프로세스를 최적화하고 낭비를 제거하며 품질을 향상시킬 방법을 찾아야 했다.

1950년대 초, 미국 통계학자인 W. 에드워즈 데밍과 조지프 주란이 일본에 건너와 품질개념을 전파하면서 생산현장의 부적합사례를 제거해 생산성을 높이려는 제안활동으로 이어졌다.

전사원의 참여를 바탕으로 세계적 기업 도요타가 탄생했다. TPS는 '낭비의 완전한 제거'를 철학으로 하는 도요타 생산 방식이다.
도요타는 1951년에 공식적인 제안 제도를 시작했으며, 모든 직원의 창의적 사고를 강조하는 '좋은 생각, 좋은 제품'이라는 모토를 내세웠다.

1980년대 일본의 경제적 성공을 통해 카이젠(제안)은 전 세계적으로 주목을 받았다.

근로자에게 제안제도는 경영층에게 자신의 생각을 어필할 수 있는 공식적인 채널이다. 제안 활동에 참여하며 업무상의 문제점을 찾고, 이를 해결할 창의적인 방법을 고민하는 과정에서 개인의 논리적 사고력과 문제 해결 능력을 향상시킬 수 있다.

제안제도의 활성화는 안전관리에서 요구하는 '전원 참여'의 수단을 활성화시켜 안전관리의 수준을 높일 수 있는 방안과 연계시킬 수 있다.

개선점을 찾아가는 과정을 통해 해당 분야에 대한 전문성과 업무지식을 심화시킬 수 있다. 회사에 따른 지급되는 인센티브의 차이는 있겠지만 경제적인 이득의 효과도 가져온다.

기업에 제안제도가 활성화되면 재해율 감소효과로 이어진다. 이 때문에 카이젠을 안전 관리에 접목하는 사례는 많은 일본 기업, 특히 제조 및 건설 산업에서 두드러지게 나타난다.

도요타는 직원들이 생산공정의 효율뿐만 아니라 안전에 대한 아이디어를 자유롭게 제안하도록 독려한다.

예를 들어, '카이젠 테이안(Kaizen Teian)'이라는 제안제도를 통해 작업도구를 재설계해 특정 작업에 소요되는 시간을 줄이고, 생산공정을 더 원활하고 안전하게 개선한 사례가 있다.

건설 산업에서의 카이젠 안전관리 사례를 보면 안전표지판, 안전 펜스 등 시각적관리(Visual Management) 기법을 활용해 작업자가 위험구역을 즉각적으로 인지할 수 있도록 했다.

작업절차를 표준화하고, 안전매뉴얼을 그림이나 도표로 만들어 누구나 쉽게 이해하도록 하는 과정도 제안제도를 이용한 현장의 안전관리 사례다. 이러한 시각적 관리기법은 안전한 작업관행을 강화하고, 안전의식을 높이는 데 기여했다.

현장에서 제안하는 대부분의 개선활동 효과에는 '안전'이 포함되는 경우가 비일비재하다. 무형효과로 분류되는 업무효율 증대, 근무환경개선 기여 등의 내용에는 모두 '안전'이 녹아 있다.

개선제안 활동에 대한 필자의 경험은 1988년 5월로 거슬러 올라간다. 포항제철 신입사원 입문교육 후 광양제철소 화성계에 배치를 받았다.

현장에 익숙해질 무렵 미팅시간에 제안활동 참여 독려의 메시지가 반복해서 나왔다. 지금 생각해 보면 경영층의 관심대상이었다. 부서별 참여율, 고등급비율, 효과금액 등 여러 통계지표 비교를 통해 부서를 평가했다.

당시에는 모든 문서를 손으로 용지에 직접 작성했다. 제안서를 작성하려면 내용을 쓰고, 제안지에 도면이나 그림이 들어가야 했다. 그리는 재주가 없는 선배들은 제안참여를 힘들어했다.

직장을 이직하기까지 개선제안 활동에 열심히 참여했다. 안전을 염두에 두지는 않았다. 제안활동 과정에서 기계설비의 부적합 요인을 찾아내고, 구성부품의 용도를 이해하고, 작동원리를 알아 가면서 신입사원의 기술적 역량을 쌓았던 것 같다.

돌아보면 당시 몸으로 배웠던 제안활동 경험이 33년 석유화학 공장을 사고 없이 안전한 몸으로 마무리할 수 있게 한 원동력이었다.

26
휴먼에러

사회적으로 이슈가 강화되고 있는 산업현장의 중대재해가 더 이상 감소하지 않는 근본 원인을 추구하다 보면 중심에 사람이 있다. 안전의 시작도 끝도 사람이다. 100명 중에 한 명은 실수할 수 있고, 오류를 범할 수 있다.

휴먼에러의 경우 아래와 같이 다양하게 분리할 수 있다. 안전뿐만 아니라 생산, 품질 등 작업자가 관련되는 모든 사항에 직간접적인 영향을 미칠 수 있으므로 관리가 필요하다.

생산설비의 조작오류, 품질사고, 아차사고 등의 사례 발생 시 불안전한 상태에 기인한 것인지 휴먼에러(불안전한 행동)인지 명확한 원인을 파악 관리해야 한다.

휴먼에러는 기업 입장에서 매우 중요한 관리적 요소다. 안전뿐만 아니라 생산, 품질 등에 직접적인 문제로 나타날 수 있다. 휴먼에러는 결과와 상관없이 예방을 위한 지속적인 관리가 필요하다.

기업 내 휴먼에러를 방지하기 위한 대책은 단순히 개인의 부주의를 탓하기보다는, 조직의 시스템적 문제점을 개선하고 개인의 역량을 강화하는 복합적인 접근이 필요하다.

다음은 기업 내 휴먼에러를 방지하기 위한 대책들이다. 정답은 아니다. 기업 상황에 따라 필요한 부분을 적절히 응용하거나 안전교육 시 근로자 교육자료로 활용을 추천한다.

① 조직 및 시스템 차원의 접근

■ 작업표준화 및 절차명확화

모든 작업 절차를 상세히 표준화하고, 이해하기 쉽고 명확하게 작성한다. 특히 중요한 단계나 과거에 실수가 발생했던 부분은 안전교육 시 강조해 작업자가 쉽게 인지하도록 한다.

■ 작업 환경 정비

작업환경을 정리·정돈하고, 불필요한 요소를 제거하며, 쾌적한 조명과 소음수준을 유지해 집중력을 향상시킨다.

■ 의사소통 개선

정보 전달 과정에서 오해가 생기지 않도록 명확하고 간결하게 소통하는 문화를 만든다. 업무 인수인계 시에는 구두 설명과 함께 문서나 도해를 활용해 기록을 남긴다.

■ 안전 문화 조성

실수에 대한 질책보다 실수의 원인을 분석하고 공유하는 문화를 만든다. 이를 통해 직원들이 문제점을 숨기지 않고 드러내 개선할 수 있는 분위기를 조성한다.

■ 명확한 책임 한계 설정

작업 범위와 책임 소재를 명확히 해 혼선을 줄이고, 작업자 간의 협업을 원활하게 만든다.

■ 생산계획 재검토

무리한 생산 목표나 라인 밸런스 불균형을 재검토해 작업자에게 과도한 부담을 주지 않도록 한다.

② 기술 및 관리적 대책

■ Fool Proof(포카요케[71]) 도입

'바보도 실수하지 않는다'는 의미의 이 기법은 사람의 실수가 사고로 이어지지 않도록 기계나 공정을 설계하는 것이다. 예를 들어, 스위치를 잘못 조작하더라도 자동으로 감지해 경고하거나, 부품을 잘못 조립할 수 없도록 구조를 만든다.

---

[71] 포카요케(Poka-Yoke)는 일본의 도요타 생산 시스템에서 유래한 품질 관리 기법으로, 작업자의 부주의나 실수(Poka)가 발생했을 때 이를 사전에 방지(Yoke)해 불량품을 만들지 않도록 하는 것을 의미한다. 처음에는 '바보도 실수하지 않는다'는 뜻의 '바카요케(Baka-yoke)'라 불렸으나, 작업자에게 불쾌감을 줄 수 있어 '포카요케'로 용어가 순화되었다.

■ 자동화 시스템 활용

반복적이고 단조로운 작업은 자동화해 작업자의 피로를 줄이고, 실수의 가능성을 원천적으로 차단한다.

■ 시각적 관리(Visual management)

안전수칙, 위험 구역, 작업 순서 등을 한눈에 볼 수 있도록 시각화해 실수 방지를 돕는다.

■ 체크리스트 활용

중요한 작업은 체크리스트를 활용해 누락을 방지하고, 동료 간에 교차 확인하는 절차를 마련해 휴먼에러를 방지한다.

③ 개인 역량 및 심리적 대책

■ 충분한 교육 및 훈련

신입 직원은 물론, 숙련된 직원에게도 정기적인 교육을 제공한다. 과거 사례와 예외 상황, 위급상황을 포함한 시뮬레이션 훈련을 통해 대응능력을 높인다.

■ 동기부여 및 컨디션관리

직무 적성에 맞는 인력을 배치하고, 적절한 동기 부여를 제공한다. 또한 휴식보장, 컨디션 관리 등 작업자의 심리적, 신체적 상태를 관리하도록 지원한다.

■ 경험 공유 문화

실수를 단순한 실패로 치부하지 않고, 실수 사례를 공유하고 분석해 조직 전체의 학습자산으로 활용한다.

■ 작업자 성향 파악

관리감독자가 평상시 작업자의 성향을 파악하고, 이에 맞게 지도와 지시를 함으로써 소통의 효과를 높이고 사고를 예방한다.

휴먼에러는 기업의 경영활동 전반에 걸쳐 크고 작은 문제를 일으킬 수 있는 중요한 요소다. 단순한 실수로 취급하는 우(愚)를 범해서는 안 된다. 축적될 경우 안전사고로 이어질 수 있다. "천리 제방도 개미굴로 무너진다."라는 '제궤의혈(堤潰蟻穴)'을 되새겨 볼 필요가 있다.

27
압력용기 기밀 테스트

압력용기 기밀 테스트는 폭발, 누출 등 대형 안전사고 예방을 위해 필수적이며, 제품의 안전성과 신뢰성 보장은 물론, 국내외 안전 기준 및 법규 준수를 위해 반드시 수행해야 한다.

고압의 유체를 다루는 화학, 발전 등 다양한 산업 현장에서 필수적이며, 정밀한 테스트를 통해 용기의 구조적 무결성을 확인하고 성능을 검증하는 중요한 과정이다.

테스트를 생략할 경우 가동 중 압력용기 파손으로 인한 폭발은 인명 손실로 이어질 수 있다. 폭발 과정에서 고압 물질의 방출은 주변 장비와 시설에 광범위한 피해를 입힐 수 있다.

압력용기에서 취급하는 물질이 독성 물질인 경우 누출은 환경 오염을 일으킬 수 있다. 사소한 문제가 심각한 고장으로 이어져 생산 차질을 빚고 막대한 경제적 손실을 초래할 수 있다.

압력용기에는 저장탱크, 열교환기(보일러, 응축기, 증발기 포함), 증류탑, 흡

수탑, 추출탑 등의 탑조류와 반응기 등이 있다. 정유공장이나 석유화학공장의 생산 시설들의 대부분이 압력용기에 포함된다.

공장에서 최초 압력용기 제작 완료 후 제품의 결함을 확인하기 위한 테스트 외에 공장운전 중 정기보수[72] 작업이나 정비작업 후 정상운전 전에 압력용기의 테스트를 실시해 안전성을 확인해야 한다.

압력용기의 테스트 과정에서 중대산업재해가 간헐적으로 일어나고 있다. 이러한 사고의 경우 대부분 압력의 위험성을 알지 못한 상태에서 테스트를 준비하고 진행하는 과정에서 발생한다.

정유나 석유화학 플랜트의 대표적인 압력용기인 열교환기의 경우 Stand-By 가 있다. PSM[73] 심사에서 최고등급인 P 등급을 받을 경우 4년 주기로 보수작업을 진행하는데 정기보수 시행 전 열교환 효율이 떨어지거나 정상 가동이 어려울 경우 Stand-By 열교환기와 교체작업 실시한다.

교체한 열교환기는 고압수 세척작업 완료 후 검사를 통해 튜브측 부식정도를 확인해 재사용 가능 기간을 예측한다. 운전 중 튜브의 부식으로 인해 셸 측이 오염되는 문제가 있었거나 검사를 통해 잔여두께가 운전을 할 수 없는 경우 해당 튜브를 플러그를 사용해 막아 버리거나 교체작업을 실시

---

[72] 산업 설비나 기계장치를 정기적으로 점검, 수리, 교체해 성능을 유지하고 수명을 연장하는 활동을 의미한다. 압력용기와 같은 고위험 설비의 경우, 안전과 직결되므로 매우 중요하게 다루어진다.

[73] '공정안전관리(Process Safety Management)'의 약자로, 중대 산업사고를 예방하기 위해 위험설비를 보유한 사업장이 체계적으로 관리하는 안전관리 제도.

후 압력 테스트를 거쳐 Stand-By를 만들어 놓는다.

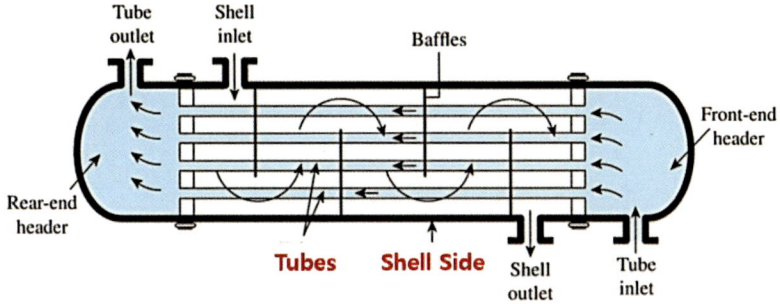

압력용기를 최초 제작 후 납품 전 제조공장에서 실시하는 테스트의 경우 담당자들의 전문성과 위험성에 대한 안전의식이 높고, 테스트 장비들의 신뢰성과 안전성이 높아 사고가 일어날 수 있는 확률은 사용 후 현장에서 진행하는 테스트의 경우보다 낮다.

통상적으로 현장에서 진행하는 테스트의 경우 가압을 위해 물을 사용하는 경우를 수압테스트(Hydro Test), 압축공기를 사용하는 경우를 공압테스트(Pneumatic Test)라고 부른다.

테스트하고자 하는 압력용기의 디자인 압력에 따라 Hydro Test 와 Pneumatic Test의 압력이 다르다. 수압테스트의 경우 디자인 압력의 1.5배를 최소 테스트 압력으로 사용하고, Pneumatic Test는 디자인 압력의 1.1배가 일반적인 최소 테스트 압력이다.

고압테스트 압력이 낮은 이유는 안전성 때문이다. 물과 같은 액체는 거의 압축되지 않는다. 압력을 가해도 내부에 저장되는 에너지가 기체에 비해 매우 적다. 공기와 같은 기체는 압축성이 매우 높다. 고압으로 압축된 기체는 엄청난 양의 잠재 에너지를 내부에 저장하게 된다.

테스트 중 용기나 배관이 파손되면, 내부에 저장된 압축된 기체의 에너지가 폭발적으로 방출된다. 이는 주변 구조물을 파괴하고 파편을 튀게 하는 등 치명적인 인명 및 재산 피해로 이어질 수 있다.

수압테스트 중 파손이 발생하면, 비압축성인 물은 폭발하지 않고 누출되거나 흘러나오는 정도로 끝난다. 이때 방출되는 에너지는 파손된 부위의 구조물이 변형되면서 발생하는 탄성 에너지 정도에 불과해 훨씬 안전하다.

일반적인 안전사고의 경우 법이나 규정을 지키지 않아 발생하는 경우가 대부분이다. 테스트 과정 중 발생하는 안전사고는 사용 중 압력용기의 안전성을 요구하는 법을 준수하기 위해 실시하는 과정에서 발생한다.

필자의 경험상 테스트 작업을 포함한 석유화학 공장에서 보수작업 중 발생하는 화재, 폭발의 원인은 생산, 정비, 협력사의 업무 범위와 밀접한 관계를 가지고 있다.

보수작업의 업무 범위는 회사별로 다를 수 있다. 가장 중요한 것은 공정에 대해 가장 잘 알고 있는 생산 팀의 역할론이다. 통상 보수작업 전 시스템의 격리 및 내용물의 처리, 인화성 증기의 감압 및 치환 작업의 순서로 진행한다.

공정조치가 잘 안되었을 경우 작업허가서를 발행하는 과정에서 누락부분을 찾아내고 문제가 없을 경우 작업허가서가 발행되어야 한다. 정상절차에 맞추어 발행된 작업허가서는 안전을 위한 보증수표다. 발행인은 생산팀이다.

정비팀이나 협력사는 보증수표를 믿고 보수작업을 진행한다. 이 과정에서 다양한 안전사고가 발생한다. 사고현장에 생산 팀이 없는 경우가 많다. 주인이 없는 빈집에서 내부 상황을 잘 모르는 외부인이 보수작업을 진행하고 있다.

보수작업 중 안전사고의 예방을 위해서는 공장의 생산 팀 역할이 매우 중요하다. 공정조치가 완료되었다고 발을 빼면 안 된다. 작업진행 과정을 체크해야 한다. 테스트 작업도 마찬가지다.

'열교환기 교체 → 격리 및 Drain, Purge → 작업허가서 발행 → 고압수세척 → 검사 → 압력테스트 준비(수압,공압) → 압력테스트 → Stand-By'까지 전 작업과정을 모니터링 하고 챙겨야 한다.

수압테스트는 마무리 작업이 공압테스트에 비해 불편하다. 물을 채우고 압력을 올리는 과정에서 별도의 장비가 필요하다.

완료 후 마무리 과정도 일이 많다. 카본스틸 재질의 경우 부식을 방지하기 위해 튜브 하나하나를 압축공기를 사용해 불어내야 한다. 위험성이 없다면 수압 테스트를 할 필요가 없다.

공압테스트는 운전 조건이 저온 공정인 경우 또는 수압테스트를 실시할 경우 Drying-Out[74] 불량이나 기온강하에 의한 동결 등의 문제가 예상될 경우에 한해 제한적으로 실시해야 한다.

대규모 석유화학 단지의 경우 빅사이즈의 열교환기나 클리닝 장소로 옮기기가 어려운 경우 현장에 설치된 상태에서 모든 작업을 진행한다. 공압의 경우 대부분 유틸리티 파트에서 파이프라인을 통해 공급되는 테스트용 압축공기를 사용한다.

열교환기의 테스트 압력 승압 과정에서 현장에 설치된 압력게이지 외에 유량계, 압력계 등을 중앙 제어실에서 같이 모니터링을 해 주어야 한다. 현장의 경우 압력게이지의 증가상태를 점검해 오지 시에 의한 과승압을 예방해야 한다.

승압도 테스트 압력까지 한 번에 올려서는 안 된다. 테스트 압력이 15kg/㎠ 라고 할 경우 3, 5, 7, 9 kg/㎠ 정도까지 등간격을 유지하면서 홀딩타임을 가지고 단계별로 현장 압력게이지와 중앙제어실 유량이나 압력변화 트렌드를 비교해 지시값의 신뢰성을 확인해야 한다.

수압이나 공압테스트의 승압단계 관련 회사의 규정이나 벤더매뉴얼이 있다면 그대로 진행하면 된다.

---

[74] 불활성가스(N2)를 이용해 압력용기에 남아 있는 수분을 제거하는 작업.

5~7kg/㎠ 사이에 열교환기 튜브와 테스트링, 격리포인트의 누출 여부를 점검해야 한다. 누출이 확인되면 승압을 중지 후 문제를 해결 후 테스트를 진행해야 한다.

전체 진행관리는 설비를 운전하는 생산 팀이 관장해야 한다. 압력용기의 테스트 작업만이 아니다. 석유화학 공장의 다양한 안전사고 예방을 위해 절대적으로 지켜져야 할 사항이다.

전반적인 보수작업에 대한 잠재위험을 가장 잘 알고 있는 곳은 생산 팀이다. 공도구의 사용 과정에서 오는 안전사고는 공무팀이나 협력사의 책임이지만 그 외의 요인들은 생산 팀과 관계되어 있다.

보수작업 과정에서 공정을 모르는 정비팀이나 협력사들의 임의적 판단에 의한 조치는 자칫 대형사고로 이어질 수 있다. 사전 논의가 이루어지지 않은 사항에 대해서는 생산 팀의 동의를 구해야 한다.

그에 앞서 오퍼레이터들의 안전불감증에 대한 지속적인 관리가 필요하다. 생산 팀 관리감독자의 중요한 역할이다.

28

작업허가서

2025년 7월부터 8월까지 2개월간 상생 협력 매칭컨설팅 사업 관련 석유화학회사의 협력사 컨설팅을 위해 방문했다. 현역시절 작업허가서 발행 및 관리를 경험하면서 시스템 운영의 불합리한 점에 대한 개선을 요청한 기억들이 되살아났다.

당시의 느꼈던 작업허가서에 대한 가장 큰 문제는 작업허가서 발행절차 및 과정에 너무 많은 시간이 소요되는 문제였다.

안전을 최우선으로 하는 회사의 정책상 현장 작업 중 발생될 수 있는 안전사고를 예방하기 위해 특별작업[75]인 경우 발행당일 안전관리자가 직접 현장 확인 후 발행하는 것으로 규정이 되어 있었다.

작업사전검토, 안전성 확인, 운전조치 후 관리감독자의 결재가 완료되면 시스템에서 출력 후 안전관리자가 작업장소를 돌며 협력사의 작업 준비상태, 작업포인트 주변 인화성 가스체크, 사전조치 된 공정을 다시 확인 후

---

[75] 석유화학공장의 특성상 위험성이 높은 화기작업, 전기작업, 밀폐공간작업 등의 경우 위험성이 낮은 일반작업과 달리 발행절차가 까다롭게 관리된다.

최종 이상이 없을 경우 최종 작업허가서가 발행되었다.

특별작업 허가서 발행건수가 많은 날의 경우 오전 10시가 넘어도 작업허가서 발행 지연으로 현장 작업이 이루어지지 않는 문제가 표면화되었다. 협력사를 관리해 작업을 계획된 기간 내에 완료해야 하는 정비팀과 최종 안전을 책임져야 하는 생산 팀과 사이에 격론이 벌어지곤 했다.

정기보수 작업기간에는 작업허가서 발행문제가 더 커졌다. 특별작업 허가서의 발행건수 자체가 필자가 근무했던 공장의 경우 매일 100건을 훌쩍 넘겼다. 작업허가서 발행 지연으로 1000명 이상의 인력이 현장에 대기상태로 있었다.

몇 번의 시행착오를 거치며, 정기보수 기간의 경우 운영절차를 간소화하고, 최종 발행자의 자격 여건을 완화시켜 대응해 작업을 진행했다. 정기보수가 끝나면 발행된 작업허가서가 몇천 건씩 쌓였다.

작업허가서 발행 시스템이 현장의 안전을 확보하기 위한 것인지, 아니면 작업 중 사고가 발생하면 최종 서명한 사람들 법적 책임을 묻기 위한 것인지에 대한 회의감이 들었었다.

PSM 12대 실천 요소 중 '안전작업허가'가 있다. 외부 심사 나오면 기발행되어 보관되고 있는 몇천 건 되는 작업허가서를 랜덤으로 발행 및 관리에 대한 기록내용을 들여다본다.

특별작업허가서 하나가 발행되어 마감되기까지 체크항목, 관리자 서명, 가스체크 결과, 중간 확인서명, 최종 완료확인 등이 남아 있어야 한다. 누락포인트를 찾아내 부적합 리스트에 올리고 점수에 반영된다.

작업이 완료된 몇천 건의 작업허가서를 가지고 몇 건의 표기누락 사실을 찾아내 이것을 평가결과에 반영하는 행위자체가 과연 PSM 제도 운영의 목적에 얼마만큼 부합할 수 있을 것인가에 대한 의문은 지금도 가지고 있다.

상생 협력 매칭컨설팅을 위해 방문했던 모기업은 작업허가서 발행 절차가 달랐다. 작업허가서 입력부터 최종 발행까지 모기업의 책임하에 관리되고 있었다. 협력사 관점에서는 작업허가서 관리에 대한 책임이 없었다. 작업관련 자재 및 필요 장비만 준비하면 됐다.

공정의 위험 요인을 잘 모르고 있는 협력사를 대신해 전체적인 작업관리 및 조치를 하고 최종발행까지 모기업 담당자의 책임 아래 진행되므로 협력사의 작업허가서 관리에 대한 부담이 없어졌다.

필자가 근무한 곳의 경우 협력사에서 최초 작업내용을 확인 후 작업허가서를 시스템에 입력하는 것은 협력사 업무였다. 모기업의 안전에 대한 책임의식, 협력사의 업무 부담감소를 고려하면 후자 시스템이 좋아 보인다.

현장작업을 직접 수행하는 주체가 협력사인 점을 고려하면 작업 진행 과정에서 나타날 수 있는 위험성에 대한 효과는 전자가 나아 보인다.

세상에 정해진 답은 없는 것 같다. '1 + 1 = 2'도 약속이지 답은 아니다. 안전을 포함한 모든 것은 양면성이 존재한다.

작업허가서 제도의 시작은 2차 세계대전 이후, 중공업 및 화학산업이 급성장하면서 산업재해가 급증했다. 석유화학 공정, 건설, 중장비 등 위험도가 높은 산업에서 작업 전 위험 요소를 통제할 필요성이 제기되었다.

영국, 미국 등 선진국에서 작업허가제도(Work Permit System) 개념이 도입되었다. 초기에는 구두나 간단한 문서로 승인한 정도였다.

1970~1980년대 들어서면서 대형 산업재해(폭발, 중독, 감전 등) 발생 후 각국 정부 및 다국적 기업들이 작업허가 절차를 공식화하기 시작했다.

OSHA(미국 산업안전보건청) 및 HSE(영국 보건안전청) 등 안전규제기관이 작업허가 제도 도입을 권고하고, 화기작업, 밀폐공간 작업, 고소작업 등 고위험작업을 중심으로 세분화된 허가서 종류가 등장하기 시작했다. 문서화된 양식 및 작업 전 사전 점검 체크리스트 개발로 이어졌다.

1990~2000년대 디지털을 매개 글로벌 기업들 중심으로 작업허가 프로세스의 표준화가 추진되었다.

ISO, OHSAS 18001 등 안전경영시스템에서 작업허가 절차 요구를 시작으로 IT 기반 시스템이 도입되면서 '작업허가 신청 → 승인 → 발급 → 작업 후 종료 보고'까지 전산으로 관리되었다.

2010년 이후 Permit to Work(PTW) 시스템으로 불리며 작업허가가 단순 승인에서 벗어나, 리스크 기반 안전관리의 일환으로 통합되었다.

작업허가서가 JSA(Job Safety Analysis), LOTO, PPE 확인, 안전교육 등과 연계되고, 모바일 앱, 태블릿 등을 활용해 현장 실시간 승인 및 확인 시스템으로 진화되었다. 클라우드 기반 플랫폼으로 본사-현장 간 실시간 연동 및 모니터링이 가능해졌다.

작업허가서의 눈부신 변화다. 편리함이 사고예방을 담보하지는 못한다. 때로는 불편함의 과정이 안전에 대한 중요성을 인식하는데 도움을 줄 수 있다.

「중대재해처벌법」 시행으로, 작업허가서 발행 및 관리의무가 법적책임 요건으로 격상되었다. 작업허가서 제도는 단순한 서류절차가 아니다. 작업자 생명과 안전을 보호하는 핵심 수단이다.

작업허가서는 산업안전의 역사 속에서 다양한 사고를 계기로 발전해 왔다. 안전관리 시스템의 중심축 역할이 중대산업재해 예방의 결과로 이어지기를 기대한다.

29
OJT

기업 교육의 주된 목적은 직원들의 역량강화, 조직 성과향상, 기업의 지속 가능한 발전을 위함이다. 이를 위해 필요한 새로운 지식과 기술을 제공하고, 직무수행 능력을 향상시키며, 기업의 핵심 가치와 문화를 공유하고, 조직 전체의 적응력과 경쟁력을 높일 수 있다.

보통의 중소기업에서 신입사원이 들어 왔을 경우 법에서 요구하는 채용 시 교육과 업무수행에 필요한 직무교육 커리큘럼이 갖추어진 곳을 찾기가 쉽지 않다.

모든 교육은 교사(주체), 학생(객체), 교육내용(매개체)으로, 이 셋이 상호작용할 때 성립된다. 소수의 인원을 필요에 따라 채용하는 중소기업의 현실을 고려하면 불가능에 가깝다.

그렇다고 기업 입장에서 손 놓고 있을 수도 없는 것이 직원들의 교육이다. 이러한 중소기업의 현실에 맞는 교육제도로 OJT 제도를 활용할 것을 추천한다.

OJT는 'On the Job Training'의 약어로, 직장 내에서 실제업무를 수행하며, 교육을 받는 방식을 의미한다. 직무를 수행하는 과정에서 필요한 지식과 기술을 습득하게 하는 교육 방식으로, 업무현장에서 선배가 후배를 가르치는 형태로 이루어진다.

OJT의 공식적인 기원은 정확히 알 수 없지만, 고대부터 도제제도를 통해 자연스럽게 이어져 온 전통에서 유래한다. 가장 근본적인 형태는 고대 이집트, 그리스, 로마 시대의 장인들이 견습공에게 직접 기술과 지식을 전수한 것에서 찾아볼 수 있다.

기원전 2400년경 석공들은 글을 읽지 못하는 견습생에게 현장에서 직접 건축 기술을 가르쳤다. 이는 한 사람이 다른 사람에게 일대일로 필요한 기술을 전수하는 가장 편리한 방법이었다.[76]

20세기 들어서며 현대적인 OJT 프로그램이 발전했다. 제2차 세계대전이 계기가 되었다. 많은 숙련공들이 전쟁에 참여하면서 새로운 노동력을 빠르게 훈련시킬 필요가 생겼다.

당시 미국에서는 TWI(Training Within Industry) 프로그램이 도입되어 제조업 근로자를 위한 표준화된 현장 훈련이 개발되었다. 이 프로그램의 일환인 '직무교육훈련(Job Instruction Training)'은 현대 OJT의 핵심적인 원형으로 볼 수 있다.

---

[76] 출처: 위키디피아

OJT는 멘토와 멘티 간의 1:1 교육이다. 멘토의 역량과 멘티의 태도가 중요한 요소다. 좋은 결과를 만들어 내기 위해서는 회사 차원에서 우수 멘토에 대한 임명과 지원이 필요하다.

처음의 시작은 멘토를 통해 전수 받는 직무관련 내용들을 멘티에게 수습기간 동안 정리하게 해 일주일 단위로 멘토와 관리감독자의 결재를 득하도록 해야 한다.

OJT 기간 및 과목은 관리감독자와 멘토가 협의해 조정하고, 멘티의 경우 수습기간 동안에는 하루일과 중 2시간은 그날의 OJT 내용을 정리할 수 있는 시간을 가지게 하는 것이 좋다.

OJT 교육이 마무리되면 최종결과에 대한 관리감독자의 피드백이 있어야 한다. 멘토의 경우 멘티가 정리한 OJT 전체 일지의 내용에 대한 확인을 통해 차기 OJT 멘토 역할 수행 시 부족한 부분을 보완해야 한다.

멘티가 작성한 OJT 일지는 기업 차원에서 매우 중요한 교육자산이다. 회를 거듭하며 보완과정을 거치면 최종적으로 기업의 특성과 환경이 반영된 최적화된 생산설비의 안정적인 관리를 위한 매뉴얼로 재탄생시킬 수 있다.

OJT의 지도방법은 구두에 의한 전달도 중요하지만 현장의 중요직무에 대해서는 동영상을 활용 제작해 놓으면 멘토가 없어도 신입사원의 채용 시, 직무순환 시 교육자료로 다양하게 활용할 수 있다.

30년 전의 경우 기업에서 동영상을 직접 만들어 활용한다는 것은 쉽지 않았지만 현재는 누구나 마음먹으면 손쉽게 만들 수 있다. AI의 발전을 바라만 보지 말고 적극적으로 활용해 보자.

PART IV.

■ ISO 45001 도입 이후

국제표준 안전보건경영시스템에서는 '지원(Support)' 항목 내에 의사소통을 명시적으로 요구하고 있다. 이는 국내 지침에도 반영되었다.

사고는 불안전한 행동과 불안전한 상태의 축적이 만들어 내는 예상하지 못한 우연의 결과물이다.

1
개인의 역할

이번 집필을 기획하면서 가장 다루기 어려운 주제 중 하나였다. 집중적으로 파고들면 편협한 결과로 왜곡될 수 있다. 필자 입장에서 그럴 만한 능력도 갖추어져 있지 않다.

다양성을 옮겨 보려고 하니 범위가 확대되어 일상적인 이야기로 흘러갈 수 있겠다는 생각이 들었다. 동일한 사람도 환경에 따라 달라질 수 있다.

안전관리의 결과에 대한 책임과 권한은 조직이 가지고 있지만 실제 실행 과정에서는 구성원 개개인의 역할과 책임, 상호 간 공감과 신뢰가 매우 중요하다.

'인간 시스템 1, 2'는 심리학자 대니얼 카너먼이 그의 저서 『생각에 관한 생각(Thinking, Fast and Slow)』에서 소개했다. 인간의 두 가지 사고 체계를 의미한다.

인간의 의사 결정과 판단 과정은 직관적이고 빠른 '시스템 1'과 논리적이고 느린 '시스템 2'의 상호작용으로 이루어진다는 이론이다.

안전사고 예방에 필요한 형태는 시스템 2다. 90%인 시스템 1은 안전사고 발생에 직간접적인 영향을 미칠 수 있는 조건들이다.

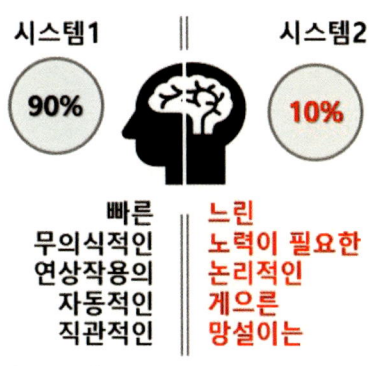

뇌의'시스템1,2 (Daniel Kahneman, 2013)

인간은 실수할 수 있고, 비논리적으로 행동할 수 있는 조건을 갖추고 있다. 많은 사람들은 안전에 특화되어 있지 않다.

산업현장에서 불안전한 행동이 안전사고로 이어지는 상황을 제어할 수 있는 방법은 많이 있다. 개별적 방법에 대한 유효한 효과의 크기를 결정할 수 있는 키는 인간이 가지고 있다.

정해진 법과 규정을 지키려는 의지가 필요하다. 반복되는 과정 안에서 지속성을 유지하기가 쉽지 않다. 깜빡할 수도 있고, 가끔은 귀찮을 때도 있다. 이러한 상황에서 나타나는 불안전한 행동이 사고로 이어지지 않기 위해서는 주변 동료들의 역할이 매우 중요하다.

사업장의 사고 사례를 들여다보면 '이런 사고는 동료들 간에 신뢰와 공감이 형성되어 있었다면 충분히 막을 수 있었을 텐데.' 하는 아쉬움이 드는 경우가 많이 있다.

조직의 안전관리에서 공감은 소통을 앞서는 키워드다. 입사 1년 차의 신입사원이나 20년 차 베테랑 관리감독자가 사업장에서 느끼는 위험의 크기는 동일하게 인식되어야 한다. 사업장에 안전사고에서 자유로울 수 있는 인간은 아무도 없다.

2인 1조 작업은 현장 안전사고를 예방할 수 있는 중요한 대안이다. 무한경쟁시대 인력 보강이 쉽지 않다. 완벽하지는 않지만 2인 1조 작업의 효과를 대체할 수 있는 것이 조직 구성원들 간의 안전에 대한 공감문화 확산이다.

동료와 같이 할 때 안전사고 예방을 위한 시너지가 높아진다.

2
소통과 공감

'소통'이라는 단어가 우리 사회에서 본격적으로 이슈화된 시기는 2000년대 이후, 특히 2008년과 2010년을 기점으로 급격히 사용 빈도가 증가한 것으로 분석되었다.[77]

초기에는 '소통'이 교통이나 통신과 관련된 기술적 의미로 사용되었지만, 2000년대 이후부터는 사람 간의 생각과 감정의 교류를 뜻하는 사회적·심리적 의미로 확장되었다.

기업에 MZ세대가 본격적으로 입사를 시작한 시기가 2010년이다. 특히 2015년 이후부터는 MZ세대가 신입사원의 주류로 자리 잡았다.

사회적으로 세대 간 갈등이 표출되기 시작했다. 구성원의 시너지를 이용해 사업역량을 확대해야 하는 대기업을 중심으로 성장 환경이 다른 양 세대의 갭을 없애기 위한 대안으로 상호소통을 강조했다.

2010년 이후 '소통'이라는 단어의 사용 빈도수는 큰 변화가 없다. 사회 속

---

[77] 출처: topclass 신지영의 언어탐험, 소통의 어제와 오늘은?

으로 스며들었다.

안전관리에서 '소통'이라는 개념이 본격적으로 접목되기 시작한 시점은 2000년대 중후반이다. 산업안전보건 분야에서 '휴먼 에러(Human Error)'와 '심리적 요인'이 사고 원인으로 주목받으면서, 의사소통의 중요성이 간접적으로 언급되기 시작했다.

2010년경부터 현장 중심의 Tool Box Meeting(TBM), 위험예지훈련 등에서 작업자 간 소통의 필요성이 강조되며, 안전관리의 핵심 용어로 회자되기 시작했다.

2022년 한국산업안전보건공단에서 발행한 KOSHA GUIDE Z-56-2022와 Z-19-2022 지침에서는 '소통'을 안전보건경영시스템의 필수 요소로 명시하며, 의사소통 역량 강화를 위한 구체적인 방안을 제시했다. 안전관리에서 소통이 중요시된 이유는 다음과 같다.

■ 사고 예방의 핵심 수단

작업자 간 정보 공유 부족, 오해, 지시 전달 오류 등이 사고의 주요 원인으로 지적되면서, 정확하고 명확한 소통이 안전 확보의 필수 조건으로 떠올랐다.

■ 조직문화의 변화

수직적 지시 체계에서 벗어나, 참여형·협력형 안전문화로 전환되면서 소통이 조직 내 핵심역량으로 부상했다.

- **ISO 45001 도입 이후**

국제표준 안전보건경영시스템에서는 '지원(Support)' 항목 내에 의사소통을 명시적으로 요구하고 있다. 이는 국내 지침에도 반영되었다.

기술적 의미에서 세대차이 극복을 위한 수단을 넘어 안전관리에까지 사용 영역이 확산되었다.

사회적으로 정착되어 사용되고 있는는 소통이라는 단어를 안전 분야에서 만큼은 우선순위에서 '공감' 다음에 두고 싶은 것이 필자의 견해다.

안전 관련 강의를 할 때마다 항상 이야기하고 있다.

"소통은 안전의 직접적인 대상이 아닙니다. 안전은 공감이 먼저입니다."

안전관리의 기본은 위험을 다 같이 공감하는 것부터 시작되어야 한다. 누구는 위험하고, 누구는 위험하지 않으니까 소통을 통해 결정해야 한다는 것은 모순적인 논리다. 다수결의 원리가 아니다.

세 명 중 한 명이 위험하다고 생각한다면 소통을 통해 한 명을 위험하지 않다고 생각하게 하는 것이 아니라 공감을 통해 나머지 두 명이 위험으로 인식할 수 있어야 안전한 기업을 만들 수 있다.

신입사원의 경우 처음 다루는 기계설비에 대해서 경력자와 비교할 때 느끼는 위험의 크기가 차이가 날 수밖에 없다. 사고를 일으키거나 당할 수 있는 대상은 모두가 동일한 조건이다.

안전관리 기준은 철저하게 위험을 많이 느끼고 있는 직원을 대상으로 해야 한다. 기업의 안전관리에 필요한 것은 소통보다 공감이 우선이다.

3
디테일

 안전관리에서 '디테일'은 사고를 예방하고, 위험을 관리하며, 궁극적으로 인명과 재산을 보호하는 데 결정적인 역할을 한다. 사소하다고 생각되는 작은 부분들이 큰 사고로 이어질 수 있기 때문에, 디테일에 강한 기업이나 개인은 안전사고로부터 멀어질 수 있다.

 매년 정기적으로 시행하는 위험성평가의 질도 디테일에 의해 결정된다. 디테일의 대상은 생산활동과 관련된 모든 활동요소다. 디테일은 실행에 방점을 둔다. 아무리 좋은 제도나 시스템도 현장 위험 요소를 완전하게 제어할 수 없다.

 현장 근로자에게 디테일은 운전하는 기계, 설비, 장치들에 대한 지식을 말한다. 이를 통해 제도나 시스템의 결함으로부터 자신의 안전을 보호할 수 있는 능력이 생겨난다.

 위험 요소가 많은 석유화학공장 등을 제외하면 가동초기 비정형작업 과정에서 중대산업재해가 발생할 수 있는 확률은 지극히 낮다.

경험상 기계, 장치의 끼임이나 협착에 의한 중대산업재해는 고장의 빈도수가 증가하는 과정에서 나타날 가능성이 높다.

빈도수 증가는 고장 원인에 대한 근본적인 해결책이 적용되지 않은 상태에서 설비를 가동하는 경우다. 원인을 모른 채 리셋 버튼을 활용해 정상화 시킨다. 디테일을 몰라도 생산활동에는 영향이 없다.

"안전은 아는 만큼 눈에 보인다."라는 말이 있다. 안전에 대한 지식과 이해도가 높을수록 일상 속에서 잠재적인 위험 요소를 더 잘 인식하고 예측할 수 있다는 것을 의미한다. 이는 단순히 안전수칙을 외우는 것을 넘어, 안전을 바라보는 '인식의 틀' 자체가 달라지는 것을 뜻한다.

안전에 대한 지식과 이해도의 대상이 기계, 설비, 장치들이다. 생산활동을 위해 내가 운전하고, 내가 관리하는 기계, 설비, 장치들에 대한 기본적인 작동원리와 각 구성 부품들의 특성, 취급하고 다루는 물질이나 생산품에 대한 디테일에 가까워지려는 노력이 필요하다.

"My Machine, My Area"는 산업 현장에서 쓰이는 대표적인 안전 및 생산성 향상을 위한 활동 슬로건이다. 작업자가 자신이 담당하는 기계와 작업 구역에 대해 강한 책임 의식을 가지도록 독려하는 의미를 담고 있다.

기업 구성원의 디테일을 강화할 수 있는 활동이다. 시작은 쉽다. 지속성이 어렵다. 경영책임자의 관심이 필요하다.

내 기계라는 인식이 생기면, 고장이 나기 전에 스스로 점검하고 관리하는 '자주보전'[78] 활동으로 이어진다.

자연스럽게 주변의 3정 5S 활동과 연계된다. 근로자에게 필요한 디테일을 갖출 수 있는 활동이다.

생산활동 중 발생하는 기계, 설비의 고장은 예기치 못한 방향으로 확산될 수 있고, 이 과정에서 근로자와 접촉되어 중대산업재해로 이어질 수 있다.

디테일에 강한 근로자들이 많으면 기업의 경쟁력 강화 뿐만 아니라 회사의 중대산업재해 예방에도 큰 효과를 볼 수 있다.

---

[78] TPM(전사적 생산 보전)의 핵심 요소로, 생산 현장 설비의 운전자가 스스로 설비를 점검하고 유지 관리하는 활동을 말한다.

4
주인 없는 공장

2024년 4월 지인을 통해 ○○○○ 소재의 특별안전교육을 의뢰 받았다. PSM 대상 사업장이었다. 갑자기 특별안전교육을 외부에 의뢰했는지 궁금해 뉴스 검색을 해 보았다.

한 달 전 폐유기용제 ≒10ton 정도가 폐기물 탱크에서 하천으로 유출되는 사고가 있었다. 직원들의 흐트러진 안전의식을 바로 잡기위한 교육으로 보였다. 특별한 테마를 제시하지 않아 2시간용 교육교재를 만들었다.

Index

01 중대재해처벌법/위험성평가 개념
02 PSM 대상사업장 위험관리
03 Triple Zero (본질적 공장 경쟁력)
04 사고사례 Review (PSM 사업장 사례)
05 안전.환경관리의 실효적 효과 창출방안

한 차례 연기 후 사내 사정으로 교육이 취소되었다는 연락을 받았다. 이런 경우가 간혹 있다. 경험적 지식을 끌어내 기존 이론과 결합시켜 강의교재를 만드는 과정 자체가 노하우의 축적이다. 크게 개의치는 않는다.

주인 없는 공장에 운반차량 기사가 오전 1시 10분경 단독으로 저장탱크에서 탱크로리로 폐 유기용제를 이송하는 과정에서 용량을 초과 주입해 탱크로리 헤치를 통해 약 10.44ton이 누출되고 이중 2.95ton(업체 추정)이 수계로 유출되었다.[79]

2020년 7월 인천의 한 화학제품 제조업체에서 탱크로리 기사가 혼자 하역 작업을 하던 중, 가성소다를 과산화수소 탱크에 잘못 주입해 폭발사고가 발생했다. 당시 사업장 관리자가 입회하지 않은 상태에서 단독으로 작업을 진행했으며, 이 사고로 1명이 사망하고 8명이 부상을 입었다.

유해화학물질 탱크로리 운전기사는 화학물질관리법, 위험물안전관리법, 「산업안전보건법」 등 여러 법규에 따라 엄격한 법적 의무사항을 준수해야 한다. 이와 같은 내용 중에 주인이 있는 공장 내에서 상하차 작업을 운전기사 단독수행을 준수하라는 내용은 없다.
공장 내 탱크로리 상하차 작업 시 담당자의 입회는 상식적인 일이다.

첫 번째 사례의 경우 운전기사 단독작업 후 넘쳐흐른 폐 유기용제를 아무 조치 없이 공장을 떠났다. 운전기사의 행위를 탓하기에 앞서 밤 1시에 혼자 상차 작업을 진행했다는 것 자체가 이해가 되지 않았다.

---

[79] 자료출처: 화학물질종합정보시스템(https://icis.me.go.kr/main.do)

담당자가 입회했다면 응급조치를 통해 외부로 유출되지는 않았을 것이다. 두 번째 사례도 다르지 않다.

탱크로리 하역 작업을 하는데 운전기사 혼자 수행하는 것도 문제지만, 가성소다와 과산화수소 주입구가 한 장소에 위치해 있다. 연결 과정의 오류가 발생할 수 있는 가능성이 높다.

원천적인 차단을 위해 노즐 사이즈 차별화 등의 안전조치가 적용되어 있어야 하는 것이 아닌가 하는 아쉬움이 들었다.

유해화학물질의 상차 및 하역 작업이 담당자가 입회하지 않은 상태에서 탱크로리 운전기사 단독작업을 진행 한다는 것은 우리공장의 안전관리를 외부인에게 전체 일임한다는 의미와 무엇이 다를까.

탱크로리의 안전한 작업을 위해서는 적합한 보호복, 안전모, 보안경등 개인보호장비를 반드시 착용하고, 접지 등 정전기 방지 조치, 작업 중 차량의 움직임을 방지하기 위한 고임목 설치, 작업 중 연결부 누출이나 펌프운전상태 이상 등 문제 발생 시 즉시 작업을 중지하고 신속한 조치를 해야 한다.

취급하는 위험물질에 대한 MSDS 숙지는 기본이다. 위와 같은 과정을 공장의 주인이 아닌 탱크로리 운선기사 혼자 지 율저으로 수행할 수 있다고 보는가?
2020년 5월부터 「화학물질관리법」이 개정되면서, 유해화학물질관리자의 현장 입회 기준이 완화되었다.

CCTV를 설치하거나, 그 외 안전조치 기준을 준수하는 경우 관리자가 반드시 현장에 입회하지 않아도 되도록 변경되었다. 다만, 폭발·화재·누출의 위험이 있는 경우에는 여전히 관리자의 감독을 받도록 규정하고 있다.

공장 안에서 외부인이 임의로 작업을 수행한다고 가정을 해 보자. 무엇이 문제인가. 정상적인 상태가 아닌 것은 분명하다. 안전사고는 비정상 상태에서 발생한다.

5
암묵적 사고

'암묵적 사고'는 명확한 규정이나 의식적인 인식 없이, 조직 문화나 개인의 행동 양식에 잠재되어 있다가 사고로 이어지는 원인을 뜻하는 개념이다. 보고되지 않는 아차사고도 범주에 포함된다.

흔히 말하는 '안전 불감증'이나 '관행'이라는 표현과 맥을 같이하며, 겉으로 드러나는 행동(명시적 요인)뿐만 아니라 그 이면에 숨어 있는 심리적·조직적 요인(암묵적 요인)까지 파악해야 사고를 근본적으로 예방할 수 있다는 관점에서 중요하게 다루어진다.

안전보다 생산성이나 납기를 우선시하는 문화는 안전수칙을 지키지 않는 것을 묵인하는 분위기를 형성한다.

신규 직원이 위험 요소를 발견하고 보고하려 할 때, '경험 없는 사람이 뭘 안다고'라는 암묵적 편향(Implicit Bias)으로 인해 보고가 무시되면 사고로 이어질 수 있다.

작업자들 사이에 구두로 전해지거나 경험을 통해 체득된, 명문화되지 않은 작업 방식이 암묵적 지식형태로 존재해 안전수칙보다 우선시될 때 문제가 발생할 수도 있다.

매뉴얼에는 없는 '더 빠른' 방법이나 '덜 번거로운' 방법이 암묵적으로 공유되고, 이 과정에서 안전절차가 생략되어 사고로 이어진다.

기업 내에서 이러한 암묵적 사고가 실제 사고로 나타나는 단계에는 제어되지 않는 '반복'이라는 행동이 내재되어 있다.

안전 절차를 지키지 않거나 불안전한 행동을 했음에도 사고가 발생하지 않는 운이 따르는 무사고 경험이 축적된다. 이러한 행태가 개인을 넘어 조직 전체의 관행으로 일상화되면 어느 순간 사고가 발생한다.

기업 구성원들의 잠재된 의식 속에 관행처럼 반복되는 암묵적 사고의 예방을 위해 가장 중요한 것은 조직 구성원간의 신뢰관계 형성이다.
신뢰가 형성되지 않은 상태에서 암묵적 사고를 밖으로 끌어내기는 사실상 어렵다. 밝고 신뢰와 공감이 있는 조직 분위기는 구성원들의 '심리적 안정감'을 높인다.

심리적 안정감이 높은 조직에서는 작업자들이 실수나 위험 요인을 거리낌 없이 보고하고, 안전 관련 질문을 자유롭게 할 수 있어 사고를 미연에 방지할 수 있다.

구성원 상호 간 신뢰관계의 형성에는 개개인의 역할이 매우 중요하다. 단한 사람의 노력으로도 회사에 긍정적인 신뢰관계 구축을 위한 불씨를 지필 수 있다.

누군가 옆에서 도와주는 동료가 있으면 시간이 단축된다. 안전한 일터가 되기를 원한다면 나부터 동료와의 신뢰관계 형성을 위해 노력하자.

6
지적확인

철도 및 산업현장에서 사용되는 지적확인[80]은 20세기 초 일본 철도에서 유래한 안전수칙이다. 인적오류를 줄여 사고를 예방하기 위해 개발되었으며, 이후 여러 산업분야로 확산되었다.

1900년대 초 중기 기관차가 주를 이루던 당시, 일본의 한 기관사가 시력 저하로 신호를 잘못 볼까 우려해 열차상태를 큰 소리로 외치기 시작한 것이 시초라는 이야기가 있다.

기관사가 신호를 외치면 옆에 있던 화부가 이를 복창해 서로의 안전을 확인했다. 처음에는 소리만 외쳤으나, 수십 년 후 손가락으로 대상물을 가리키는 동작이 추가되면서 시각적 확인이 강화되었다.

1913년에 '환호응답'이라는 용어가 기관차 승무원 교범에 포함되었으며, 이후 일본 철도 전반에 걸쳐 체계적인 안전 절차로 정착되었다.

1994년 일본 철도기술연구소의 연구 결과, 지적확인 환호응답을 통해 실

---

[80] 정확한 용어는 '지적확인 환호응답'이다.

수를 약 85%까지 줄이는 효과가 있는 것으로 나타났다.

우리나라에는 일제 강점기부터 이 개념이 전해졌고, 1970년대 시범 운영을 거쳐 1976년에 철도 안전 관리의 공식적인 제도로 도입되었다.

지적확인은 단순히 기계적인 동작이 아니라, 여러 감각을 동시에 활용해 집중력을 극대화하는 행동으로 누구나 쉽게 활용해 실수를 방지할 수 있는 안전기법이다.

철도와 같은 특정 산업을 제외하고, '지적확인'이 산업현장에서 활성화되지 않는 배경에는 문화적, 사회적 요인이 복합적으로 영향을 미치고 있다고 볼 수 있다.

지적확인은 큰 몸짓과 소리를 동반한다. 다른 사람이 보기에 마치 혼잣말을 하거나, 과장된 행동을 하는 것처럼 보일 수 있어 창피하거나 민망하다고 느끼기 쉽다.

동료나 상사 앞에서 그러한 행동을 하는 것에 대한 거부감이 작용한다. '나는 이미 잘 아는 사람인데 왜 굳이 이런 유치한 행동을 해야 하는가'라는 자존심이 작용할 수 있다.

일본에서도 초기에 비슷한 저항이 있었으나, 꾸준한 노력으로 일상화된 것과는 대조적인 현상이다.

타인과 함께하는 작업이 아니라 혼자 하는 작업에서까지 큰 소리로 외치는 것에 대해, '내가 알아서 잘 하면 되지'라는 개인주의적인 인식이 작용할 수도 있다.

여러 가지 이유가 있을 수 있다. 그래도 모든 분들에게 적극적으로 권하고 싶다. '지적확인' 큰 소리로 열심히 하시고 작업하시라고.

TBM[81] 때 모여 손가락 연결 후 외치는 "지적확인 좋아! 좋아! 좋아!"로 끝내지 말고 현장에서 수시로 하자. 산업현장 고령화에 따른 재해율 증가 방지 대책으로 기업에도 적극적인 도입을 권장한다.

인간의 실수는 단순히 '부주의' 때문이 아니라, 인간의 인지 및 정보 처리 과정에서 발생하는 복합적인 반응 메커니즘의 결과다.

피로, 스트레스, 주의산만, 훈련부족, 인지편향과 같은 요인들이 개인의 인지능력에 영향을 미쳐 실수를 유발한다. 인간의 실수는 크게 다음 세 단계에서 발생할 수 있다.

■ **정보입력단계**
감각기관을 통해 정보를 받아들이는 과정에서의 오류다. 예를 들어, 시력저하, 어두운 조명 등으로 인해 신호나 표지판을 잘못 인식하는 경우.

---

[81] 산업 현장의 안전회의(Tool Box Meeting)

■ 정보처리단계

입력된 정보를 해석하고 의사 결정을 내리는 과정에서의 오류다. 스트레스, 피로, 인지편향 등이 작용해 잘못된 판단을 내릴 수 있다.

■ 행동출력단계

의사 결정에 따라 행동을 실행하는 과정에서의 오류다. 의도한 행동과 실제행동이 달라지는 경우로, 주의 산만이나 숙련도 부족으로 인해 발생한다.

'지적확인'이 효과를 볼 수 있는 부분이 행동출력 단계다. 특히 개인 작업일 경우 실수방지 효과가 높다. 고위험 작업이나 내가 하는 실수가 치명적인 결과를 초래할 수 있는 상황이라면 행동출력 단계에서 '지적확인'을 생활화해야 한다.

지적확인(지적확인 환호응답)은 시각, 청각, 촉각을 동원해 인간의 실수를 방지하는 효과적인 안전 절차다. 일반적으로 다음과 같은 5단계를 거쳐 진행된다.

- 1단계, 확인해야 할 대상을 눈으로 응시한다(시인).
- 2단계, 팔을 곧게 뻗어 검지로 대상을 정확하게 가리킨다(지적).
- 3단계, 가리킨 대상의 명칭과 상태를 "좋아! 이상없음!"과 같이 큰 소리로 외친다(환호).
- 4단계, 자신의 입에서 나온 소리를 귀로 다시 듣고 인지한다(청취).
- 5단계, 시각, 청각, 촉각을 통해 수집된 모든 정보를 뇌에서 종합적으로 판단하고 확인한다(확인).

형식보다는 실천이 우선이다. 5단계 생각하지 말고 물 흐르듯 진행하면 된다. 대상을 눈으로 보고 손가락으로 가리키면서 큰 소리로 외치면 된다. 입으로 무슨 말을 외칠까에 대한 고민은 하지 말자. 하고자 하는 작업의 목적에 부합하는 말이면 된다.

7
출발

올여름 위험성평가 지도를 위해 현장을 방문했는데 안전학과 졸업예정자들이 실습을 위해 합류했다.

필자가 인턴실습 MOU를 체결한 재단 소속이 아니었기 때문에 학생들에 대한 지도와 현장 체험관리는 재단 소속의 전문위원이 담당했다.

학생들과 안전 관련 이야기는 나누지 않았다. 현장 안전점검을 하는 과정에서 기계설비의 상태를 보고 어떤 사항들이 잘못되었는지를 판단하고 리포팅을 하는 과정이었다.

기계설비의 작동원리와 운전조건을 모르고 있는 상태에서 찾아내는 문제점들의 기준은 「산업안전보건법」에 기초할 수밖에 없다.

2017년 동국대학교 연구소 자료에 따르면, 4년제 대학 240개교와 2년제 대학 177개교 중 총 36개 대학에 안전 관련 학과가 설치되어 있다. 이는 2017년 기준 약 8.5%에 해당하는 수치다.

최근 안전의 중요성이 커지면서 관련 학과가 신설되거나 통폐합되는 경향이 있다. 2017년과 비교할 때 비율은 올라갔을 것으로 보이지만 전체 대학 수와 비교하면 안전 관련 학과를 보유한 대학의 비율은 여전히 높지 않다.

국내 대학에 안전 관련 학과가 적은 이유는 여러 가지 원인이 있을 수 있다. 표면적으로는 전문화된 교육과정 부족이 가장 큰 이유로 보인다. 현실적으로 산업안전 분야의 다양성을 다루기가 어렵다.

보건 분야 등 특수한 안전계열을 제외하면 공통적인 내용에 의존할 수밖에 없다. 안전 이론은 기업의 수요가 낮기 때문이다.

국내와 비교할 때 해외의 안전 관련 학과에 대한 상황 인식은 다르다. 미국은 오래전부터 안전을 전문학문 분야로 인정해 왔다. 산업안전보건청(OSHA)과 같은 강력한 법집행기관이 있고, 대기업과 정부 연구소에서 안전 연구 및 기술개발에 많은 투자를 하고 있다.

유럽 역시 안전보건 관리 시스템이 체계적으로 구축되어 있다. 유럽연합 산업안전보건청(EU-OSHA)은 대학 및 연구기관을 위한 온라인 위험성평가 도구를 개발하는 등 안전관리 수준을 높이기 위해 노력하고 있다.

사회적 안전의식 수준의 정도가 대학의 안전 관련 학과에 대한 필요성으로 연결되었다. 안전을 독립적이고 중요한 학문 분야로 인식하고 있다.

국내의 경우 안전의 학문에 대한 사회적 인식은 「로벤스 보고서」에 언급된 1970년대 영국의 상황과 다르지 않다. 부수적인 분야로 인식하는 경향이 남아 있다. 안전의식에 대한 사회적 분위기가 영향을 미친다. 과도기적인 상황으로 시간이 필요하다.

경험이 없는 안전학과 졸업생의 출발은 상대적으로 어렵다. 생산에 직간접으로 참여하고 있는 선배나 상사들 모두 안전에 대해서는 한마디씩 할 수 있는 분들이다.

인턴실습을 나온 학생들에게 말해 주고 싶었다. 시작이 쉽게 느껴진다면 본인이 꿈꾸는 길이 멀어질 수 있다고.

8
아날로그와 디지털

비교를 통해 연상되는 느낌을 한 단어로 표현하면 '폐품'이다. 50이라는 나이가 애처롭다. 뜬금없이 무슨 소리를 하고 싶은 것인가.

도둑이 자기 발 저린다는데 나이 먹은 고참 넋두리 정도로 가볍게 보자. 혹시 아는가, 이 글을 통해 누군가에게 귀감까지는 아니더라도 반면교사의 기회를 삼으시는 분이 한 분이라도 계실지. 만약 그렇게 된다면 큰 기쁨이다.

본론으로 들어가자. 요즘 젊은이들은 아날로그 이야기 안 한다. 안 한다는 표현보다는 모른다는 표현이 적절해 보인다. 아날로그 이야기를 끄집어낼 이유가 없다.

뒤끝이 뭔가 아쉽다. 조직이라는 한 울타리 속에서 일정한 시공간을 아날로그와 디지털이 점유하며 생활하고 있는데 상호 간에 이해와 공감이 없다면 어떤 현상이 나타날까?

조직 구성원들 사이에 나이 차이를 뛰어넘어 '형과 아우' 정신이 넘치는 조직, 아날로그와 디지털이 융합되어 조직경쟁력에 기여하는 디지로그가 실현될 수 있는 방안이 무엇일까? 궁금하다.

매스컴에서 2G 폰 서비스를 종료한다고 떠들어 댔다. 내 폰 몇 세대야? 영상통화 가능해? 3G야. 휴우. 솔직히 잘 몰랐다. 내 폰이 몇 세대인지, 스마트폰이 아니면 그럼 뭐라고 불러야 하는지. 3G 피처폰. 4년째 아직도 주머니 속에 들어 있다.

잡스 열풍이 세상을 흔들어 대면서 주변이 온통 스마트폰을 자랑하고, 신제품이 나올 때마다 광고카피 속에서 쏟아지는 디지털 예찬에 대한 유혹을 효용성의 잣대로 무던히 버티고 있다.

대기업에 근무한 덕에 그래도 한때는 디지털에 속했던 적도 있었다. 누구를 탓하랴. 그때 디지털이 현재 아날로그가 되었다. 눈앞에 진짜 디지털 세대가 포진됐다. 컴퓨터 자판 두들기기, 카카오톡 문자 보내기, 속도가 신기할 정도다.

게임하는 모습 보면 더 예술이다. 입이 벌어진다. 재미와 편리성을 접목시키고, 최고의 마케팅이 깔아 놓은 멍석 위에서 타인의 눈은 사치다. 접수하는 관점이 다르다.

시간이 갈수록 차이가 벌어진다. 한쪽은 뒤지면 왕따다. 지르고 본다. 몇 달 지나면 가격 떨어질 테니까 조금 기다려 보자. 경제적 꼼수의 아날로그적 발상과 대조를 이룬다.

세상의 흐름이 누구의 손을 들어 주는가. 이제는 내 연배가 젊은이 흉내

내는 모습을 보면 측은해 보인다. 재롱이다. 하지 말자. 소통은 하고 싶은데 존심이 구겨진다. 아날로그의 비애다.

신입사원이 인사를 한다. 속으로 군대 생각이 났다. 더플백 매고 머리 박기로 시작했던 내 젊은 날. 왜 이 순간에 군 시절이 오버랩 되나. 세상이 변했다. 밖에서는 디지털 리더다.

조직의 범주로 들어와 업무의 관점으로 변하는 순간 씨앗이다. 그냥 버려두면 끝이다. 본인도 그걸 안다. 멘토 앞이면 디지털 그 빠른 순발력도, 자신감도 스스로 쪼그라진다. 하고 싶은 이야기가 목구멍까지 올라오다 가도 혹시나 하는 불안감에 다시 삼킨다.

이런 상황을 멘토가 헤아려야 한다. 씨앗이 뿌리를 내려 싹이 틀 때까지다. 그 이후는 멍석만 깔면 된다. 멍석 깔았다고 끝난 거 아니다. 접지는 말자. 아날로그 눈에 소통이 우습게 보인다. 착각하지 말자. 소통이 아니라 훈계다.

손바닥을 부딪치면 소리가 난다. 그냥 잡으면 소리가 나지 않는다. 전자는 동(動)이고 후자는 정(靜)이다. 動의 물리력은 유한성을 내포하고 있어 지속성이 약하다.

靜은 믿음이다. 외부 요인에 흔들리지 않는다. 바로 소통의 진정한 모습이다. 내가 먼저 마음을 열어야 한다. 솔직해져야 한다.

다음 회식 때부터 건강하자며 술잔 부딪치는 바보짓 그만하고 동료, 선배들 손 한번 다 같이 잡고 건배 한번 해 보자. 전해오는 따뜻함의 크기가 나와 당신의 안전한 회사 생활을 보장한다.

2012년 여름 15호 태풍 볼라벤이 떠난 날

지금으로부터 2034년 전인 기원전 91년경 완성된 것으로 알려진 사마천의 사기가 현재도 서점가에서 독자들과 만나고 있다. 2000년 전 세상을 통해 현재의 지혜를 얻기 위함이다. 세상은 변해도 인간이 모여 사는 세상의 본질은 변하지 않는다는 반증이다.

13년 전 필자가 작성해 회사에 공유했던 글을 공유해 본다.

9
초개인화

AI 발전은 초개인화(Hyper-personalization)의 핵심 동력이다. 단순한 개인화에서 벗어나, AI는 실시간 데이터 분석과 예측을 통해 개인의 맥락과 감정까지 반영한 맞춤형 경험을 제공하는 수준으로 진화하고 있다.

산업현장도 안전사고 예방을 위해 AI 기술이 조금씩 활용 범위를 확대하고 있다.

안전사고 예방과 '초개인화' 사이에 어떤 관계가 형성되는지 생각해 보았다.

산업현장의 재해율은 산업 구조, 안전관리 수준, 법·제도 변화 등에 따라 꾸준히 변화해 왔다. 아래는 1965년부터 2024년까지 10년 단위의 산업 재해율(근로자 100명당 재해자 수)표다.

연도	재해율(%)	주요 특징
1965	5.91	산업화 초기, 안전관리 미흡
1975	4.39	제조업 중심 성장, 재해율 점차 감소
1985	3.15	「산업안전보건법」 제정(1981), 제도적 기반 강화
1995	1.18	자동화·기계화 확산, 안전교육 강화
2005	0.77	전자정부 기반 산업안전 관리체계 도입
2015	0.50	스마트 안전관리, RPA·IoT 일부 도입
2024	0.67	플랫폼 노동 증가, 중소사업장 재해율 상대적 증가, AI 기반 안전 예측 시스템 확산

재해율의 변화과정을 보면 1985년에서 1995년으로 넘어오는 단계에서 확연하게 감소된 것을 알 수 있다. 영향을 미친 요인은 **생산현장의 자동화 및 기계화 확산**이다.

생산 공정 전체를 자동화하는 FA(Factory Automation) 시스템, 기계 동작을 제어하는 프로그래머블 장치인 PLC(Programmable Logic Controller), 금속 가공 등 정밀 공정에 사용되는 자동화 기계인 CNC(Computer Numerical Control), 용접, 도장, 조립, 적재 등 반복 작업에 산업용 로봇이 자동차와 전자산업에 급격히 확산되었다.

기술의 발전이 단순, 반복작업 과정에서 발생하는 산업재해율 예방에 큰 기여를 했다. 이 시기의 자동화는 단순한 기계 도입을 넘어 생산 공정 전체의 구조적 변화를 이끌었고, 이는 산업재해율의 획기적 감소로 이어졌다.

2005년 이후 현재까지 감소 폭은 극히 제한적인 범위내에서 등락을 보이고 있다.

전반적인 정부주도의 안전관리 정책을 기업자율의 자기규율 예방체계로 전환을 했으나 가시적인 효과는 나타나지 않고 있다. 20년 전과 비교 시 감소하고 있다는 판단을 내릴 수가 없다.

필자는 이러한 현상을 인공지능(AI), 빅데이터, IoT, 블록체인, 5G로 대표되는 4차 산업혁명(2010년대 ~ 현재)과 안전과의 관련성 부족으로 보고 있다.

데이터를 기반으로 하는 AI기술이 생산과 품질의 발전에는 기여를 했지만 안전영역에서는 실효적인 효과를 언급하기에는 섣부른 단계로 보인다.

안전관리의 핵심은 사고를 예방하는 것이다. 사고는 불안전한 행동과 불안전한 상태의 축적이 만들어 내는 예상하지 못한 우연의 결과물이다.
품질관리의 기본인 관리도와 비유하면 이상 원인[82]이다. 개별적인 대응이 필요한 경험적 요소가 작용하는 영역이다.

데이터를 기반으로 하는 AI가 인간과 기계의 인터페이스에서 발생하는 현장의 간헐적인 물리적 상황을 제어하기에는 분명 한계가 있다.

AI를 활용한 안전사고 예방의 가시적 효과에 대한 기대치는 현재까지는

---

[82] 관리도(Control Chart)에서 이상 원인(Assignable Cause)은 공정에서 발생한 비정상적이고 예측 불가능한 변동의 원인을 말한다. 이는 공정이 통계적 관리 상태에서 벗어났음을 의미하며, 반드시 조사하고 제거해야 할 대상이다.

공급자의 희망사항이다.

정부의 안전정책이 중대산업재해 예방 중심으로 전환된 시기는 2020년대 초반, 특히 2021년 1월 8일에 제정된 「중대재해처벌법」을 기점으로 명확하게 구분된다.

산업안전 정책의 패러다임을 사고 발생 후 처벌 중심에서 예방 중심으로 전환하는 계기가 되었다. 「중대재해처벌법」 확대시행 후 사회적으로 안전에 대한 인식의 수준 이 높아졌다.

기업을 경영하는 대표자들이 받아들이는 정도는 더하다. 중대재해 발생 시 본인들의 신상과 회사경영의 어려움이 발생할 수 있을 것이라는 것을 알고 있기 때문이다.

제도시행의 무형적인 효과는 보고 있다. 실효적인 효과로 나타나기 위해서는 보완되어야 할 문제점들이 많다. 안전관리의 주체인 정부, 기관, 기업, 개인 간의 주어진 책임과 역할에 대한 밸런스가 맞아야 한다.

초개인화시대 중대산업재해를 예방하기 위한 근로자의 역할은 위험감시와 생산참여의 이중역할을 수행해야 한다.

전해 듣는 수동적 자세가 아닌 생산, 품질, 안전에 대한 지식의 폭을 확대하려는 노력이 필요하다. 나와 동료의 안전을 확보할 수 있는 지름길이다. 인생 2막을 시작하면서 초개인화 시대를 실감하고 있다. 아래 그림은 필자가 안전강의를 하면서 정부의 안전정책이 중대산업재해로 전환되는 이유를 설명할 때 활용하는 자료다.

패러다임 전환에 대한 독자분들의 이해를 돕기 위해 첨부한다.

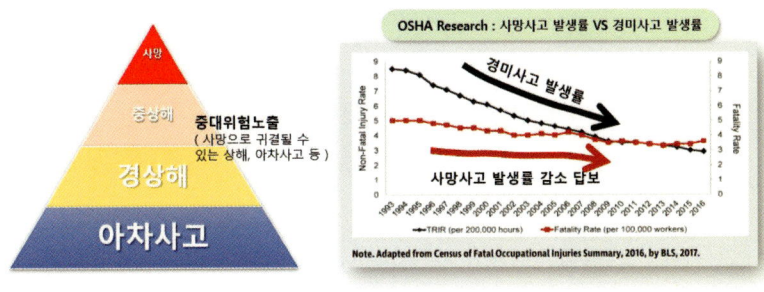

10
정전기

정전기 사고는 특정 물질이 존재하거나 물리적 환경이 결합될 때 발생 위험이 커진다. 정전기 사고가 화재나 폭발로 이어지려면 주변에 가연성 물질이나 분진이 존재해야 한다. 눈에 보이지 않아 정황 근거를 통해 결론을 내리는 경우가 많다.

2024년 평창 LPG 충전소 폭발사고의 직접적인 원인은 벌크로리 운전자의 안전수칙 위반으로 인한 가스 누출과 미상의 점화원이었다. 정전기가 폭발을 일으킨 점화원이었을 가능성은 매우 높지만, 사고 조사 결과가 공식적으로 정전기를 원인으로 확정하지 않았다.

산업현장에서 발생하는 사고 중 정전기 사고비율에 대한 통계는 찾기 어렵다. 주로 폭발이나 화재 사고의 점화원으로 작용하므로, 관련사고 통계는 화재 및 폭발사고에 포함되어 집계되는 경우가 많다.

2011년부터 2020년까지 국내에서는 38건의 정전기 분진 폭발사고가 발생했다.[83] 독일과 네덜란드 통계에 따르면, 가연성 분진이 있는 산업현장 전

---

[83] 안전보건공단, https://www.safety1st.news/

체 폭발사고 중 8~10%가 정전기 방전으로 인해 발생하며, 플라스틱 산업에서는 이 수치가 25%까지 치솟는 것으로 알려져 있다.[84]

정전기가 원인이 된 화재 및 폭발사고는 다른 유형의 사고보다 치명률이 매우 높다. 2011~2020년 국내 화재 및 폭발사고의 사망률은 7.5%로, 전체 사고 사망률인 1.2%보다 훨씬 높았다.

정전기는 말 그대로 정지된 전기다. 일상에서 흔히 접하는 '전기'는 전하가 도체를 통해 계속해서 흐르는 동전기(動電氣)다. 정전기는 여러 과정을 통해 물체에 축적될 수 있으며, 이를 '대전(帶電)'이라고 한다.

물체 표면에 축적되어 있던 전하가 어느 순간 다른 물체에 닿으면서 순식간에 이동하는 현상이 방전이다. 이 과정에서 점화원으로 작용 화재, 폭발을 일으킨다.

공장의 케이블트렌치 연결부에 설치하는 본딩(Bonding)의 목적중에 정전기 예방효과도 포함되어 있다. 본딩은 정전기를 대지로 방전시켜 정전기 축적을 막고, 폭발사고의 위험을 줄여 준다.

산업 현장에서 발생하는 정전기는 마찰, 접촉, 박리 등 기본적인 대전 원리 외에, 작업 환경의 특성으로 인해 유동대전, 분출대전, 충돌대전, 파괴대전 등 다양한 형태로 나타난다.

---

[84] 1991년, Static electricity as a hazard in industry

화학 및 석유화학 산업, 분진 발생 산업, 제약 및 식품 산업, 자동차 및 페인트 산업 등의 경우 정전기에 의한 사고의 위험성이 높은 업종에 근무하는 작업자의 경우 정전기에 대한 위험성을 숙지하고 있어야 한다.

눈에 보이지 않는 정전기는 일상 작업 중 점화원으로 작용해 화재, 폭발로 이어질 수 있는 위험성이 항상 존재한다.

석유화학회사에 근무하는 근로자들은 타 업종 대비 정전기의 위험성에 대한 인식 정도가 높은 편이지만 간헐적인 작업의 경우 정전기에 대한 위험성을 망각해 사고로 이어지는 경우가 있다.

20년 차 직원이 공정 배관 Drain Valve를 열고 플라스틱 용기에 인화성 물질을 받는 샘플링 작업 과정에서 화재가 발생해 안면부에 화상을 입는 사고가 발생했다. 신속한 응급치료로 외상은 남지 않았다.

사고 정황을 들여다보면 정전기 형태는 Drain Valve를 통해 나오는 인화성물질에 의한 분출대전으로 플라스틱 용기에 정전기가 축적되었다.
문제는 통에 든 인화성 물질에서 발생하는 증기가 점화원(정전기)에 의한 화재로 이어지려면 가연성증기가 연소범위 내에 있어야 한다는 것이다.

샘플링 물질의 연소(폭발)범위는 1.2 ~ 7.8 %였다. 상식적으로 플라스틱 안에 들은 인화성물질의 증기는 폭발 상한을 훌쩍 넘어가 있다. 정전기(점화원)가 발생해도 화재로 이어질 수 없는 조건이다.
화재가 발생한 근본 원인을 생각해 보자. 샘플링을 위해 사용한 플라스틱 용기의 경우 전기가 통하지 않는 부도체다. 인화성물질을 받는 과정에서 플라스틱 용기 바닥과 인화성물질이 부딪치며 일부 존에 거품이 형성된다.

거품 속에는 플라스틱 용기 안에 있던 공기가 포함되어 있다. 이것이 샘플링 과정에서 분출대전의 형태로 발생한 축적된 정전기와 접촉한다.

아주 작은 부분이지만 연소범위 내에 들어가 있다. 순간적인 화재폭발로 이어진다. 스플래쉬 필링(Splash Filling) 현상이다.

인화성 액체를 용기에 채울 때, 주입되는 액체가 용기 바닥이나 벽에 부딪히면서 심하게 튀는 현상으로 이 과정에서 여러 정전기 대전 현상이 복합적으로 발생해 화재 및 폭발 위험이 매우 높아진다.

사고의 원인은 불안전한 상태와 불안전한 행동이 결합된 유형이다. 불안전한 상태는 인화성액체를 주입하는 현장에 플라스틱 용기 등이 방치되어 있어서는 안 된다.

샘플링 작업은 전기가 흐를 수 있는 금속제 용기를 사용해야 하고, 샘플링 작업 전 금속용기에 정전기가 축적되지 않도록 접지를 해야 한다.

불안전한 행동의 경우 샘플링 과정에서 발생할 수 있는 액체의 비산에 대비해 안전보호장비를 착용하지 않았고, Drain Vavle 조작 시 서서히 Open을 해 액체의 유동성을 최소화시켜야 하는 작업규정을 미준수한 부분이다.

정전기에 의한 화재 폭발은 눈 깜짝할 사이에 일어난다. 작업자가 사전징후를 감지하고 피할 수 있는 상황이 아니다. 정전기에 대한 이론적인 지식을 바탕으로 안전작업 규정을 준수해야 한다.

11
착오

군복무를 마치고 돌아온 고향 집은 도시를 경험한 젊은이에게 정겨움보다는 미래에 대한 막연한 답답함을 느끼게 했다. 경제적인 문제는 아니었다.

탈출구를 찾아보려고 이곳저곳 기웃거리다 우연히 일간지에 실린 포항제철 모집 공고를 보았다.

입문교육을 마치고 광양제철소 제선부 화성계에서 직장생활을 시작했다. 제철소 고로에 들어가는 코크스를 제조하는 과정에서 발생하는 가스 중에 포함된 BTX(벤젠, 톨루엔, 크실렌) 혼합물인 조경유를 분리 생산하는 공정이었다.

당시 신입 운전원을 위한 정식 교육과정은 없었다. 현장에서 지정된 선배가 직접 지도하는 OJT(on The Job Training)라는 제도가 있었지만 체계적인 관리는 되지 않았다.

상황에 따라 알려 주는 내용을 정리하는 수준이었다. 방법은 현장에서 몸으로 익혔다.

부서 배치 3개월째로 기억된다. 3조3교대라는 생소한 근무 형태에 적응하며 화학공장이라는 특성을 조금씩 알아갈 무렵 직접 설비트러블을 경험했다.

인터록이 작동되어 가열로가 비상정지 되었다. 현장 대기실에서 점심을 먹고 있는데 운전실에서 가열로 연료가스 필터를 격리하고 클리닝 준비를 하라는 연락이 왔다.

옆에 있던 고참이 "지난번에 해 봤지? 혼자 할 수 있어?" 했다.

"예! 갔다 오겠습니다."

바로 도시락 뚜껑을 덮고 현장으로 이동했다. 지금 생각하면 군대다.

필터위치는 파이프랙 2단에 있었다. 조치 전 운전실에 보고를 했다.

"가열로 필터 격리작업 시작하겠습니다."

바이패스 밸브를 천천히 100% 열었다. 다시 운전실에 연락을 하고 필터 전, 후단 밸브를 잠갔다.

삼신 밸브의 패싱가능성을 방지하기 위해 F Wrenches[85]를 필터 후단밸브 휠에 걸어 놓고 양손은 Walk Way Guide Rail을 잡은 상태에서 몸의 무게를 이용해 F Wrenches를 발로 힘껏 내려 밟았다. 현장에서 몸이 배운

---

[85] 현장에서 밸브 조작 시 사용하는 영문 'F' 자 형태의 조작도구

대로 했다.

순간 '피익' 하고 공기 빠지는 소리가 들리는가 싶더니 주위가 조용해졌다. 경험하지 못한 알 수 없는 싸한 느낌이 들었다.

현장 스피커에서 보드맨의 다급한 목소리가 들렸다. 뭔가 잘못되었다는 것을 직감적으로 알았다. 비상조치에 대한 경험이 전무한 입사 3개월짜리 신입사원의 움직임은 거기서 멈추어 있었다.

잠시 후 고참이 현장으로 달려왔다. 어떻게 할지를 몰라 기가 죽어 있는데 다짜고짜 "야! 너 뭐 했어!" 목소리 톤이 찢어졌다.

"가르쳐 준 대로 했는데요."

"그런데 왜 죽어!"

"저도 잘 모르겠습니다, 왜 죽었는지."

그날 가열로 비상정지를 일으킨 인터록 작동원인은 오지시에 의한 것으로 윗선에 보고되고 일단락되었다.

나중에 현장상황을 정리해 보았다. 발을 이용해 F Wrenches를 밟는 순간 충격이 발생했고, 그 충격이 워크웨이를 통해 5m 정도 떨어진 곳에 설치된 인터록 스위치에 전달되면서 가열로 긴급정지로 이어졌다. 나만이 알고 있는 휴먼에러의 경험이었다.

공정운전 중 트러블이 발생했을 때 가장 중요한 것은 재발 방지를 위해 정확한 원인을 밝혀내는 일이다. 단초는 동시간대 어떤 작업이 있었는가? 현장에 누가 있었는가? 가 매우 중요하다. 배는 까마귀가 떨어뜨렸다. 하지만 까마귀는 본능적으로 자신의 과오를 인정하지 않는다.

지금은 기술이 개발되어 당시와 같이 외부 충격에 의해 작동되는 인터록 스위치는 없어졌다.

인간은 누구나 실수할 수 있다. 의도적으로 실수를 하는 인간은 없다. 휴먼에러도 때로는 기업이나 개인에게 소중한 경험으로 남는다.

12
숫자

모든 관리에서 숫자는 의사 결정의 근거를 제공하고, 성과를 객관적으로 측정하며, 목표를 명확하게 설정하고, 소통하는 데 필수적인 역할을 한다. 숫자는 경영활동의 다양한 영역에서 활용되며, 특히 데이터에 기반한 합리적인 관리를 가능하게 한다.

숫자는 안전의 현주소를 파악하고 개선 방향을 설정하는 데 활용할 수 있는 유용한 도구다. 숫자 없는 안전은 구호에 그치기 쉽지만, 숫자를 통해 객관적인 데이터를 확보하면 실질적인 안전관리와 예방대책을 마련할 수 있다.

문제는 '역량'이나 '문화'와 같은 정성적인 안전 관련 변수들은 직접적인 숫자로 표현하기가 쉽지 않다는 것이다. 하지만, 안전관리는 이러한 정성적 요소들이 안전성과에 중요한 영향을 미친다.

기존에 안전관리를 숫자로 나타내는 방법은 크게 후행지표와 선행지표로 구분할 수 있다.

후행지표는 이미 발생한 사고를 바탕으로 안전관리의 결과를 평가하는 반면, 선행지표는 사고를 예방하기 위한 활동의 노력과 성과를 측정한다. 그대로 적용하면 된다.

비상조치 계획은 재난 및 재해발생 시 인명 피해와 재산피해를 최소화하기 위한 필수 항목이다. 특히 「중대재해처벌법」 시행 이후 그 중요성이 더욱 강조되고 있다.

업무적으로 숫자에 대한 활용가치에 대해 思考 영역을 조금 확대시켜 무형적인 범주 속에서 관리되고 있는 부분에 대한 숫자화의 실현 가능성을 떠올렸다. 예를 들면 분임조 단위의 종합적인 업무처리 능력을 숫자로 같이 공유할 수 있다면…?

더 나아가 숫자가 나타내는 의미라는 것이 표현되는 과정에 대한 객관성을 확보할 수 있다는 가정하에서 결과에 대한 목적성은 자연스럽게 어필되고, 공감확산을 통해 새로운 변화에 대한 가능성을 모색해 볼 수 있을 것이라는 생각을 했다.

비상조치 계획이 시나리오와 훈련에 머무르지 않고 '우리 회사의 비상조치 역량은 현재 구성원 기준으로 92%다.' 안전관리의 고도화를 실현할 수 있는 지표다. 13년 전 현역시절 필자가 직접경험 후 전사에 공유했던 숫자에 대한 글을 공유해 본다.

상반기 분임활동 포커스를 교육, 훈련에 맞추며 중점적으로 추진했던 분임조 단위의 "비상조치능력향상"이라는 전후 결과에 대한 차이를 어떻게 심플하게 표현할 수 없을까 하는 고민 끝에 숫자화를 계획했다.

현재 우리분임조 전체 구성원의 개별적인 운전능력을 조합했을 때 과연 분임조 단위의 비상조치능력이 현시점 몇 퍼센트 정도 될까?

객관성 있는 수치를 만들어 활용할 수 있다면, 그 동안 주관과 직관으로 처리되었던 운전능력에 대한비교 및 교대조 변경, 운전원 보직순환 시 수치 비교를 통한 균형유지를 통해 회사가 추구하는 연속안전안정가동의 실행력 향상에 기여할 수 있을 것으로 판단했다.

1차로 고장등급을 A/B/C/D로 분류하고, 각 등급별 능력을 각각 4단계로 세분화시킨 후(ⓐ 완벽, ⓑ 미세보완, ⓒ 부분보완, ⓓ 보완), 분임원들로 하여금 본인의 직접 현재의 보직에서 고장이 발생할 경우 등급별로 세분화된 조치능력 중에서 선택하도록 했다.

이것을 공정별, 보직별로 분리 취합해 ⓐ, ⓑ, ⓒ, ⓓ의 각 단계별 가중치를 부여하고 합산한 토털 값을 백분율로 변환시킨 것이 우리 분임조 전체의 비상조치 대응능력을 나타내는 86.5%라는 숫자로 확인되었다.

86.5라는 숫자에 대한 주관성에 대한 주변의 우려에 대해서는 분임조원의 전원 참여를 통해 개인별 선택 오차를 상쇄시킬 수 있어 객관성은 확보되었다고 보았다.

이 단계에서의 고민은 자연스럽게 그러면 몇 퍼센트가 되어야 우리분임조에서 일어날 수 있는 비상상황 발생 시 안전한 대처가 가능할 것인가로 옮겨간다. 이 부분은 다분히 관리자의 주관성이 개입될 수밖에 없는 부분으로 90% 이상으로 보았다.

현재의 86.5%를 90% 이상으로 어떻게 올릴 것 인가에 대한 구체적인 실행 방안이 필요했다. 우리분임조의 경우 다양한 개인별 비상조치능력 확보를 위한 개인별 교육계획과 기존 부서의 교육, 훈련시스템을 적절히 조화시켜 그 속에서 대안을 찾았다. 5개월의 실행 결과는 93.8%로 나왔다.

일단 만족한 수치인데 뒤가 조금 개운치가 않았다. 7월 1일부로 보직변경이 되면서 처음 중앙제어실 업무를 시작하는 분임원이 있어 시뮬레이션을 해 보았다. 85.4%로 나왔다.

대책으로 OJT[86]를 강화시켰다. 본인이 변경된 업무에 대해 가장 궁금한 부분이 무엇인가에 대한 의견을 청취하고, 보직 변경 전 5, 6월 OJT 진행 시 현장의 업무가 상대적으로 적었던 시간대에 중앙제어실 근무를 시키면서 교육결과에 대해 매일 확인하는 방향으로 실행했다.

7/1일 보직변경 일자까지 일주일 남겨 놓은 상태에서 87.5% 가 나왔다. 2.5%라는 리스크를 안고 보직변경이 시작된다. 이 부분은 보직변경 당사자의 지속적인 노력과 중앙제어실 선배 근무자들의 팀워크를 통해 보완될

---

[86] OJT는 'On the Job Training'의 약자로, 실제 업무 현장에서 직속 상사나 선배에게 업무에 필요한 지식, 기술, 노하우를 직접 배우는 교육 방식.

수 있을 것으로 기대했다.

우리공장의 안전, 안정가동을 지켜내고 있는 현 상황을 나는 1970년대 영국에서 처음 시작되었다는 젠가 게임[87]에 곧잘 비유를 한다.

2단지로 넘어가는 기존 구성원들의 경험 공백을 인정한다면 현실의 주어진 시간은 여유롭지 않다. 안정화까지는 개인의 실수가 전체를 무너뜨릴 수 있는 개연성이 매우 높아지는 시점이다.

복지부동으로 현실에 안주하면서 계사년을 맞을 수는 없다. 분임조의 비상조치능력 수치를 보고 부족한 부분을 보완하려는 노력이 필요하다.

숫자의 활용 범위는 우리가 생각하는 것보다 훨씬 다양할 수 있다. 안전관리의 수준을 높이기 위해 회사의 상황에 맞는 안전관리 지표를 개발해 적용을 시도해 보는 것도 의미 있는 안전관리 활동이다.

---

[87] 젠가(Jenga)는 직육면체 모양의 나무 블록을 쌓아 올린 탑에서 차례대로 블록을 빼내어 다시 탑 위에 쌓는 게임이다. 집중력, 인내심, 손재주가 중요한 게임으로, 탑이 무너지면 게임이 종료된다.

13
자아성찰

 안전관리전문기관을 개업하고 2년이 지났다. 안전교육, 안전진단, 안전점검, 위험성평가, 안전보건 체계구축, 소방점검, 안전감리, 안전 컨설팅 등 다양한 업무를 수행했다. 표현은 조금씩 다른데 안전사고 예방이라는 기본적인 맥락은 다르지 않다.

 제철소와 석유화학공장 생산부문에 근무했다. 경쟁유지의 핵심인 연속안전, 안전가동을 위해 전사적으로 추진했던 TPM[88]이라는 혁신활동 시행 덕분에 기계, 전기, 계장, 배관 파트에 대한 기본을 흡수했다.

 공장 운전 중 발생하는 각종 트러블과 안전사고 등에 대한 원인을 분석하는 과정에서 자연스럽게 제안과 개선의식이 쌓였다. 전공하지 않은 통계와의 다툼은 '국가품질명장' '품질경영기사' 취득 과정을 거치면서 품질의 깊이를 넓혔다.

 정년퇴직을 5년 남기고 참여한 NCC PLANT PJT는 직장생활을 통해 직

---

[88] 석유화학공장에서의 TPM(Total Productive Maintenance, 전사적 생산보전)은 단순한 설비 유지보수를 넘어, 전 직원이 참여하는 생산성 혁신 활동이다. 원료 가격 변동과 고비용 구조에 민감한 석유화학 업종에서 TPM활동은 경쟁력 확보의 핵심 전략으로 활용된다.

간접적인 경험을 통해 얻은 암묵적 지식을 한 단계 업그레이드시킬 수 있는 시간이었다.

평소 안전강의나 현장의 관리감독자를 만나 이야기를 나눌 경우 "안전은 전문가의 영역이 아닌 일상의 영역이다."라는 말을 자주한다. 논리적으로 근거가 전혀 없는 말은 아니다.

회사의 관리감독자(반장, 파트장, 소장 등)의 위치에 있다면 맡고 있는 파트의 생산설비, 운전방법, 트러블 슈팅, 아차사고 사례 등 많은 암묵적 지식이 축적되어 있다.

공장을 모르는 외부의 전문가보다 사업장의 안전사고를 예방할 수 있는 능력을 보유하고 있다. 다만, 어떤 방식으로 접근해 성과를 이끌어 낼 수 있을 것인가에 대한 방법론적인 문제에서 접근이 수월하지 않을 수는 있다.

안전전문가는 단순한 현장 점검을 넘어, 산업재해 예방과 안전문화 정착을 위한 전문 지식과 기술력이 요구된다. 필요한 핵심 요소들을 정리해 보면 4개 부분으로 분류해 생각해 볼 수 있다.

① 법적자격 요건
- 기술사, 산업안전지도사, 산업안전기사, 산업위생관리기사, 건설안전기사등 관련 자격증 소지자 또는 경력자

② 이론과 실무의 융합
- 「산업안전보건법」, 근로기준법, 재해보상보험법 등 법률 이해
- 위험성평가, 유해·위험방지계획 수립, 안전보건교육 운영
- 기술적 조언 능력
- 관리감독자 및 작업자에게 안전 관련 기술적 지도·조언

③ 수행 업무의 전문성
- 위험 요소 사전 파악 및 개선대책 제시
- 중대재해 예방을 위한 시스템 설계 및 운영
- 계측장비 활용한 현장 점검 및 분석
- 재해 원인 조사 및 재발 방지 기술 지도
- 안전보건관리체계 구축 및 교육자료 제공

④ 전문성의 실제 가치
- 사고 예방 중심의 전략적 사고: 단순히 사고를 처리하는 것이 아니라, 사고가 나지 않도록 시스템을 설계하고 현장을 개선
- 현장과 경영진 사이의 연결고리: 기술적 조언을 통해 경영진의 의사결정에 영향을 미치고, 작업자에게 실질적인 안전을 제공
- 법적 책임과 윤리적 사명감: 안전관리자는 법적 의무를 넘어, 근로자의 생명과 건강을 지키는 윤리적 책임

이처럼 안전전문가는 단순한 관리자나 점검자가 아니라, 산업현장의 안전을 설계하고 유지할 수 있는 능력과 역량을 갖추어야 한다.

개인 사업을 시작한 지 벌써 3년 차다. 그동안 여러 업무를 통해 만난 고객들에게 신뢰를 구축하려고 노력했다. 후회는 없다. 현실적인 결론은 추가적인 업무에 대한 전문성을 보완하기 위해 조금 더 시간이 필요하다. 나를 만나 안전컨설팅을 받으려는 미래 고객의 만족을 위해.

14
잠재위험

"잠재위험"이라는 말은 상황이나 행동, 물질 등이 미래에 해를 끼칠 가능성이 있다는 뜻이다. 상황이나 맥락에 따라 다양한 분야에서 사용되는 말이다.

중대산업재해 예방을 위해 정기적으로 매년 실시하는 위험성평가의 목적이 사업장에 숨어 있는 잠재위험을 찾아내 위험률을 결정하고 안전대책을 수립 사고를 예방하는 활동이다.

사진은 필자가 퇴직전 프로젝트에 참여하는 과정에서 경험한 아차사고 사례를 설명하기 위한 증류탑의 보온작업을 하고 있는 장면이다. 직경 2m, 높이 41.7m의 증류탑이다. 공장에서 제작되어 설치현장까지 이송 후 세우기 전에 보온작업을 실시한다.

다음 단계는 일으켜 세우는 작업이다. 대형크레인이 동원된다. 혹시 발생할지 모르는 안전사고를 대비해 치밀한 작업계획의 수립 및 검토가 이루어진다.

인적사고도 중요하고, 세우는 작업 중 대형크레인의 안전장치나 제어 과정에서 문제가 생기면 프로젝트의 전체 일정에 영향을 미칠 수 있다. 운전 중인 기존설비와 증류탑과의 접촉가능성도 검토되어야 한다.

현장에는 우리가 알고 있지 못하는 잠재위험이 무수히 존재한다. 위험성 평가의 핵심은 '전원 참여'다. 개인이 경험하거나 알고 있는 잠재위험 요인을 최대한 끌어내 검토해야 한다.

세워진 증류탑은 그냥 깡통이라고 부른다. 증류탑의 역할을 하기 위해서는 내부에 관련 부품 설치작업이 완료되어야 한다.
밀폐공간, 고소작업, 붕괴위험 등 여러 잠재위험 요소가 숨어 있다. 현장의 작업진행 상태와 관리감독이 매우 중요하다.

현장작업의 진행 프로세스는 증류탑의 구조물 설치작업을 수행한 업체가 작업 준비를 하고, EPC사[89]의 담당자가 현장 확인 후 협력사와 함께 작업현장에 대기하고 있다.

전일 작성 제출된 작업허가서를 들고 현장상황을 점검 후 최종 작업허가서에 서명 후 전달한다.
당시 작업허가서 검토 및 발행을 전담하고 있던 필자의 입장에서 많게는 하루 200건 이상의 작업허가서를 발행해야 했다.

작업절차를 준수하면 프로젝트 진행 자체가 어려웠다. 안전사고 위험에 대한 리스크를 감수할 수밖에 없었다. 작업허가서 최종발행을 현장이 아닌 사무실에서 협력사 작업반장들에게 직접 전달했다.

---

[89] EPC사는 Engineering, Procurement, Construction의 약자인 EPC 방식으로 프로젝트를 수행하는 회사의 약어로 플랜트, 인프라, 에너지, 화학 산업 등에서 대규모 프로젝트를 일괄 수행하는 역할을 맡고 있다.

그날은 일주일전에 세웠던 증류탑 내부작업을 시작하는 첫날이었다. 기존 사무실에서 전달하던 작업허가서를 가지고 현장으로 나갔다. 발행 전 어두운 증류탑 내부를 들여다보는데 청소한 흔적들이 눈에 들어왔다.

공장에서 제작되어 내부 부식을 방지하기 위해 밀봉가스를 주입해 이송한 깡통 안에 작업 시작 전 청소 흔적이 있다는 것은 내가 알고 있지 못한 문제가 있다는 것이었다.

협력사 반장님에게 물었다.

"반장님, 증류탑 안에서 무슨 일 있었어요?"

상황은 서 있는 빈 깡통으로 알고 있었던 증류탑 내부에서 발생했다. 증류탑을 설치 현장으로 이송 전 내부의 수분에 의한 부식방지를 위해 제작회사에서 증류탑 안에 실리카겔을 매달아 놓았는데 작업 시작 하루 전 아래 바닥으로 떨어지는 사고가 발생했다.

매달아 놓은 실리카겔의 양을 추정해 보니까 최악의 습도조건을 고려할 경우(예: 30℃/90% 상대습도 → 공기 1㎥당 약 30.4g의 수분 존재) 산업현장에서는 통상 계산량의 2배 이상을 투입[90]하는 것으로 계산할 경우 88kg의 중량물이 매달려 있었던 것으로 추정되었다.

증류탑 하부에 작업자가 들어가 있는 상태에서 47m 높이에서 떨어지는

---

[90] https://blog.naver.com/babbeori/223799741546

실리카겔 포대에 맞았다면 대형사고로 이어졌을 가능성이 있었다. 생각만 해도 아찔한 상황이었다.

EPC사의 담당자가 필자에게 보고를 하지 않은 이유는 결과론적 관점에서 사고가 일어나지 않은 것을 가지고 보고할 경우 작업지연이 예상되어 신속하게 청소 후 입을 닫고 있었다고 한다. 당일 작업허가서 발행은 하지 않았다. 협력사작업자 분들은 다른 작업에 투입되었다. 아찔한 아차사고 경험이었다.

2024년 12월 29일, 무안국제공항에서 발생한 제주항공 활주로 이탈 사고 뉴스를 접하던 날 위험성평가가 떠올랐다.

비행장에 대한 위험성평가를 했다면 버드스트라이크와 동체 착륙에 대한 위험상황은 언급되었을 것 같다. 활주로 끝단에 설치된 콘크리트 둔덕에 숨어 있는 로컬라이저 시설의 위험성을 찾아내 문제를 제기했다면 회사의 대책이 어떻게 되었을까 궁금했었다.

위험성평가를 정기적으로 매년 실시하는 이유는 법에서 요구하는 내용뿐만 아니라 동종업체의 사고 사례, 현장에서 경험은 했으나 노출되지 않은 사례 등 사업장에서 발생가능한 모든 사례들을 찾아내 검토하기 위함이다.

위험성평가 지도를 위해 현장을 방문하면서 담당자들에게 자주 듣는 말이 있다. 정기위험성평가 할 때마다 부담이 된다고 한다. 똑같은 내용 복사 붙여넣기 하고 서너 곳 수정하는 수준이다.

정기위험성평가가 어렵게 느껴지는 이유는 두 가지다. 혼자 하려고 하기 때문이다. 1년이 경과한 시점에서 한번에 하려고 하기 때문이다. 답은 정해져 있다. 여럿이 모여 같이하면 된다. 정기 위험성평가를 한 번에 하는 것이 아니라 수시위험성평가를 실시해 해당년도에 마감하면 정기위험성평가가 된다.

사업장에 숨어 있는 잠재위험을 찾아내 위험성평가를 거쳐 안전한 사업장을 만들기 위한 가장 효과적인 방법은 작업자들의 현장 경험을 놓치지 않고 반영하는 것이다.

15
배수관

생각하기도 싫은 경험이다. 똑같은 상황을 두 번 겪었다. 기업에서 비상 훈련을 왜 해야 하는지, 문제가 발생했을 때 근본 대책이 왜 필요한지 일상에서 알았다.

직장 생활을 시작한 지 만 10년 만에 아파트 분양을 받았다. 회사에서 제공하는 사택이 있었기 때문에 분양의 필요성은 크지 않았는데 미래 대비 차원이었다. 분양 후 10년이 지나 분양 받았던 집에 입주했다. 올 인테리어 비용이 최초 분양가의 50% 정도였다.

저녁을 먹고 거실에 앉아 와이프와 함께 TV 시청을 하고 있는데 갑자기 주방 쪽에서 생전 처음 들어 보는 우르릉 쾅쾅하는 알지 못할 붕괴음이 들렸다. 주방 쪽으로 갔다. 바닥에 물이 차기 시작했다.

순간적으로 많이 당황했다. 어떻게 해야 하는지를 몰랐다. 이게 뭐야 하면서 당황하고 있는데 와이프의 행동은 벌써 걸레와 세숫대야를 놓고 바닥으로 흘러나오는 물을 치우고 있었다.

세숫대야에 몇 개 정도 분량의 물을 치우고 나서야 싱크대 배수관을 통해 흘러나오는 물의 양이 줄어들었다. 아파트 관리실에 연락을 했다. 저녁이라 업자를 부를 수가 없어 다음 날까지 기다려야 했다. 일단 통로 세대에 연락해 물 쓰지 말라고. 효과는 없었다.

그날 저녁 거실에서 쪽잠을 자면서 간헐적으로 발생하는 소음에 대응했다. 회사에 출근해 와이프의 전화를 받았다. 지하에서 막힌 배수관의 청소 작업을 해서 이제는 괜찮다고 했다.

주방 바닥에 쏟아진 물이 아랫집으로 흘러들어가 천장벽지가 물의 무게를 감당하지 못해 일부 터지면서 1층도 난리였다. 보험을 통해 싱크대와 주방 가전기기를 채우고 강화마루 바닥을 다시 시공하고 정상을 찾기까지 3주가 걸렸다.

그때 알았다. 1층의 배수관이 단독이고 2층이 제일 마지막이라는 사실을. 배수관이 막히게 된 이유를 생각해 보았다. 10층 아파트다. 배수관 사이즈가 6인치다. 막힘이 발생하기 쉽지 않다. 상부층 세대 어디에서 음식물 쓰레기 처리를 위한 분쇄기를 사용하는 것으로 보였다.

발생된 음식물 쓰레기를 분쇄건조 후 봉투에 담아 쓰레기 처리를 하지 않고 배수관으로 흘려보냈다. 분쇄된 가루가 흘러내려가 하수구까지 가기에는 상당량의 물이 필요하다. 당연히 배수관에 버리는 사람이 이를 고려하지는 않았을 것이다.

분쇄된 가루가 2층 어느 지점부터 부착되어 계속 쌓이기 시작했다. 관의 직경이 부분적으로 줄어들다 임계점[91]에 도달했고 중력을 견디지 못한 파이프 내부에 붙어 있던 내용물들이 쏟아져 내리면서 2층 하부의 수평구간 파이프를 막아버렸다.

출구가 막혀 버린 생활오수가 2층 싱크대로 역류했다. 그때 들었던 우르릉 쾅쾅거리는 소리에 대한 트라우마가 서서히 잊혔다.

2025년 2월 처갓집 식구들과 처음 해외여행 일정을 잡았다. 2024년 12월에 의견일치를 거쳐 1월에 예약을 마무리 했다. 공교롭게 안전보건공단 체계 구축 사업 비딩에 참여 했는데 발표일이 예정된 여행일정 중간에 끼었다. 할 수 없이 여행사에 양해를 구하고 서울에 살고 있는 딸아이를 대신 보냈다.

안전관리전문기관을 개업한 지 1년 6개월 만에 처음 참여하는 정부사업이었다. 나름대로 여행을 포기하면서 열심히 준비했다. 결과는 탈락이었다. 안전보건체계 구축 사업 관련해 개인사업자에게는 한 건도 배정되지 않았다. 이 부분에 대한 내용은 다른 파트에서 다루었다.

대전에서의 발표가 끝나고 아무도 없는 집으로 돌아왔다. 몇 년 전 상황과 똑같은 상황이 일어났다. 저녁시간에 TV를 보는데 정신이 번쩍 들었다. 우르릉 쾅쾅 하는 소리가 잠자던 트라우마를 소환했다.

---

[91] '임계점(臨界點, critical point)'은 본래 물리학에서 사용된 용어로, 어떤 물질의 상태가 다른 상태로 바뀌는 경계에 있는 지점을 말한다. 이 용어는 현재 다양한 분야에서 질적인 변화나 전환이 일어나는 결정적인 시점, 혹은 한계에 다다른 지점을 의미하는 데 사용된다.

순간적으로 몸이 반응했다. 싱크대를 통해 역류하는 물을 치우다 감당이 되지 않았다. 거실바닥에 누운 상태로 손을 뻗어 억지로 싱크대 호스가 연결된 부분을 잡고 버텼다. 주변에 아무도 없었다.

소리를 엄청 질러 댔는데 전혀 인기척이 없었다. 손등이까지고 저려 왔다. 손을 빼고 바닥의 물을 치우고 한 시간 정도 반복된 작업을 계속했다. 어느 정도 역류하는 물의 양이 줄었다. 관리실에 전화를 했다. 상황은 몇 년 전과 똑같았다.

기가 차다 못해 어이가 없었다. 세상에 이런 일이. 이번 대책은 누군가 아이디어를 내었던 것 같다. 지하 배수관 엘보우를 지난부분에 1$\frac{1}{2}$″의 벤트가 달린 단관을 연결했다.

수직배관에 붙은 분쇄된 음식물 가루가 쌓여 쏟아지면 지하실 수평배관을 막기 전에 설치한 단관벤트를 통해 지하실 바닥으로 쏟아져 2층으로 역류가 되지 않는 아이디어 제품으로 보였다.

트라우마가 완전히 해소되지는 않았다. 수직배관에 붙어 있다 쏟아지는 찌꺼기의 양이 단관벤트를 통해 원활히 빠져나가야 하는데 그렇지 못하면 동일한 사례가 재발될 수 있는 개연성이 남아 있다.

근본적인 문제 해결은 상층부에서 사용하는 음식물 쓰레기를 건조분쇄 후 배수관으로 흘려보내지 않고 쓰레기 처리를 하는 것이다. 이 글을 보는 독자분들 중 음식물 쓰레기 분쇄기를 사용하는 분들은 참고하면 좋겠다.

안전관리에 있어 '비상계획' 수립 및 훈련은 중요한 요소다. 화재, 폭발 등 예기치 않은 상황이 일상 업무 중 발생할 경우 순간적인 당황은 제2의 사고로 이어질 수 있다. 이러한 상황에 대처할 수 있는 능력을 경험을 통해 배울 수는 없는 일이다.

가상의 시나리오에 맞춰 주기적인 훈련을 통해 몸에 익혀야 한다. 현장에서 사고를 경험하거나 목격한 사람의 경우 비상훈련의 중요성을 알고 있다. 비상상황 발생 시 몸이 자동적으로 반응할 수 있어야 한다.

사업장에 문제가 발생하면 원인을 정확히 밝히고 대책을 수립 시행하기 전에 관련 공정을 정상화시키면 안 된다. 기본이다. 문제의 진원지가 빅트러블이나 중대산업재해로 이어질 수 있는 공정이라면 더욱 더 그렇다.

문제가 해결되지 않은 상태에서 진행하는 생산공정 정상화는 중대산업재해가 발생하기를 기다리고 있는 행위다.

두 번째 홍역을 치르고 나서 만약에 정부사업 비딩참여 포기하고 해외여행을 갔다면 어떻게 됐을까. 정부사업 참여는 실패했지만 덕분에 더 큰 문제는 차단했던 것 같다.

16
페널티

산업현장에서 발생하는 모든 안전사고의 중심에는 직간접적으로 인간이 관계되어 있다. 현장의 작업자를 직접적으로 관리감독 하는 분들을 통해 개인 페널티가 법적으로 강하게 언급되어야 한다는 말을 자주 듣는다. 필자의 견해는 조금 다르다. 신중한 접근이 필요한 부분이다.

이른바 '초코파이·카스타드 무단취식 절도 사건'은 1,050원어치 과자를 먹은 행위가 형사 재판으로 이어진 희대의 사례로, 사회적 논란을 불러일으키고 있다.

협력업체 직원 A씨가 냉장고에서 초코파이(400원)와 카스타드(650원)를 꺼내 먹은 것을 회사 측이 CCTV 확인 후 경찰에 절도 혐의로 신고했다.

1심에서 절도 고의성이 인정되어 벌금 5만원이 선고되었다. 이에 불복한 A씨가 무죄를 주장하며 정식 재판을 청구하면서 세상에 알려졌.
변호사 비용만 1,000만 원 이상 들어갔다고 한다. 사건의 전후 관계를 보면 상황이 확산된 이유를 어림잡을 수 있다.

국내 로스쿨 제도는 1995년 김영삼 정부 시절, 세계화 추진위원회에서 처음 제안된 후 각계각층의 토론 과정을 거쳐 2009년 3월 시행되었다.

제도도입의 목적 중 하나가 '법률 서비스의 질' 향상이었다. 양적 증가를 통해 높은 수임료로 인해 적절한 법의 보호를 받지 못하는 보통사람들에게 도움을 줄 수 있을 것으로 보았다. 제도시행 16년이 흘렀다.

서울의 일부 지역에서는 초등학교의 학내 다툼 과정이 발생하면 변호사 선임이 필수조건이라는 말도 들린다. 몇 년 전 변호사의 업무영역이 부동산중개업으로 확산되었다는 뉴스를 들었다.

개업 변호사들의 절반 이상이 사무실 임대료를 내지 못한다고 한다. 인간의 적응력은 엄청나다. 살아남기 위한 그들의 업무 영역 확대의 사회적 파급력이 걱정된다.

세상의 이치(理致)는 크게 다르지 않다. 양의 증가는 질의 변동성을 수반한다. 변동성은 불확실성으로 이어진다. 로스쿨제도 도입결과가 우리 사회의 훈훈했던 관계를 각박함과 다툼의 장으로 유인하고 있다. 「중대재해처벌법」도 시행도 한몫했다.

〈응답하라 1988〉의 드라마를 통해 되살렸던 이웃 간의 훈훈한 정을 더 이상 느끼기가 어려운 세상이 되어 가고 있다.

「산업안전보건법」은 사업자뿐만 아니라 일반근로자의 역할과 책임을 명확히 규정하고 있으며 위반 시 과태료를 부과할 수 있다. 아래 관련 내용을 정리해 보았다.

위반행위	법적근거	제재내용
안전보건교육 미이수	제31조, 제175조	300만 원 이하 과태료
건강진단 미수검	제129조, 제175조	100만 원 이하 과태료
물질안전보건자료(MSDS) 미숙지	제110조, 제175조	100만 원 이하 과태료
작업 중 안전보건규칙 미준수	제38조, 제39조	사망 사고 시 7년 이하 징역 또는 1억 원 이하 벌금 (공동책임 가능)
산업재해 은폐 또는 허위보고	제10조, 제175조	300만 원 ~ 1,000만 원 이하 과태료
안전보건표시 무시 또는 훼손	제12조, 제175조	30만 원 ~ 150만 원 이하 과태료

위와 같이 현장에서 법적규정을 준수하지 않는 근로자에 대한 페널티 규정이 있음에도 일부 관리감독자들의 강한 처벌의 필요성에 대한 의견을 피력한다. 이러한 모순적인 상황은 법 위반에 대한 집행결과를 보기가 어렵다는 현실에서 시작되었다고 볼 수 있다.

현장에서 근로자의 법 위반 사항에 대해 사용자가 직접 제재를 가하기가 어렵다. 법적·제도적·현실적 요인이 복합적으로 작용하기 때문이다.

「산업안전보건법」은 사업주에게 안전보건 조치 의무를 부과하지만, 근로자에 대한 직접적인 징계 권한은 노동관계법(근로기준법 등)에 따라야 한다.

사용자가 근로자에게 제재를 가하려면 징계 사유가 명확하고 정당해야 하며, 취업규칙 또는 단체협약에 근거해야 한다.

회사를 위해 업무를 수행하는 근로자에 대한 사용자의 제재를 쉽게 결정할 수가 없다. 근로자의 채용이 어려운 50인 이하 중소기업의 상황은 더욱더 그렇다.

최일선에서 안전사고예방을 위해 노력하고 있는 관리감독자나 안전관리자 분들의 업무수행이 녹록지 않다. 현장의 안전관리가 어려운 이유 중 기술적인 문제는 제한적이다. 내가 준비하고 노력하면 극복이 가능하다. 사람과의 관계유지가 큰 영향을 미친다.

법대로 할 수 없는 게 산업현장의 인간관계다. 모든 것을 법과 원칙대로 적용하면 극한 대립관계로 이어질 수 있다. 회사의 존폐에 영향을 미칠 수 있다.

안전관리만이 아니다. 인간을 대상으로 하는 모든 업무에는 유연성이 필요하다. 부러뜨림보다는 복원할 수 있는 휘어짐을 고려한 안전관리가 되어야 한다.

필자는 진실한 접근을 부정적으로 대하는 근로자를 지금까지 만나보지 못했다. 다만, 상황에 따라 시간이 필요했던 경험은 가지고 있다.

17
현장의 목소리

위험을 가장 잘 아는 것은 실제 업무에 종사하고 있는 근로자이다. 「산업안전보건법」 제36조 위험성평가 실시에 관한 규정에서도 제도의 실효성을 높이기 위해 근로자의 참여를 요구하고 있다.

이 조항은 단순한 규정이 아니라, 실제 산업현장에서 사고 예방과 건강 보호를 위한 실천적 기준으로 작용한다. 위험성평가를 제대로 하지 않으면 법적 책임뿐 아니라, 근로자의 생명과 건강에 직접적인 영향을 줄 수 있다.

얼마 전 컨설팅을 해 주고 있는 사업장에 안전교육을 하기 위해 방문했다. 공공기관인 관계로 조리실, 경비, 환경미화, 시설담당자분들이 대상이었다.

이유는 조리실에 입사한 지 8일 되신 분이 정경채를 데친 뜨거운 물이 발등으로 쏟아 2도 화상을 입었다는 연락을 받았다. 기본적인 보호구인 안전장화를 날씨가 덥고 갑갑하다는 이유로 신지 않은 결과였다. 통화 과정에서 담당자와 교육일정을 잡았다.

2024년부터 해당 공공기관의 안전관리 컨설팅을 시행하면서 사업장이 17곳에 산재해 있어 돌아가면서 안전점검을 실시하고 부적합한 사항에 대해서는 보완 요청을 했다. 나름대로 안전사고 예방을 위해 지도를 하고 있다고 생각했다.

2024년 11월말 경미한 사고 이후 2025년 봄에 휴대용 가스버너에 점화를 하다가 안면에 화상을 입는 사고가 있었다. 다행히 통원치료 후 완쾌되어 다시 근무를 시작했다.

처음에는 조리실 화구에 점화하다 화상을 입은 줄 알았는데 담당자로부터 가스버너라는 말을 듣고 개인의 부주의로 넘겼다. 한동안 잊고 지냈다.

8월 관련기관 산하 관리감독자 및 안전담당자를 소집해 특별안전교육을 실시했다.
사회적으로 이슈가 되고 있는 ○○○이앤씨와 연이어 터진 철도사고에 대한 안전의식 고취를 위해 상부 공공기관관리자의 요청에 의해 특별안전교육 형태로 진행했다. 안전교육 실시 후 8일 만에 산하 해당사업장 사고 소식을 접했다.

안전컨설팅 최초 계약전인 2023년에도 해당 사업장에서 사고가 있었다는 이야기를 들었던 기억이 떠올랐다. 다 합치면 3번째다. 3년 동안 한 번도 일어나지 않은 곳이 대다수인데 해당 사업장에서만 3번. 알지 못하는 구조적 원인이 있을 수 있겠다는 생각이 들었다.

안전교육을 위해 준비해 간 슬라이드는 거의 사용을 안 했다. 참석하신 분들과 대화로 진행했다. 우리가 근무하는 사업장의 유해위험 요인과 당신들이 생각하는 위험 요인들에 대한 견해를 나눴다.

점심 배식 이후에 진행하는 관계로 졸음이 밀려오는 기색이 보였지만 관심을 가지고 메모를 하고 계시는 모습도 보았다.

지난봄에 화상사고를 당하신 분이 퇴사를 했다. 신규채용 된 지 8일 만에 발등에 화상사고를 당한 당사자도 참석했다. 상처로 인한 불편함은 없어 보였다.

조금은 조심스러운 관점에서 안전의 중요성과 예방을 위해 어떻게 하는 것이 바람직한 것인지에 대해 교감을 나눴다. 강의를 마무리하고 노트북을 접는데 화상사고를 입으신 분이 조리실에 가서 휴대용 가스버너 놓인 곳을 한번 봐달라는 부탁을 했다. 본인은 불을 붙일 때마다 겁이 난다고 했다.

교육 과정에서 지난번 화상사고에 대한 이야기를 나눴는데 공공기관의 담당자분께서 문제가 되는 휴대용 가스버너에 대해서는 통하부에 홀을 내어 보완을 했다는 이야기를 듣고 넘어갔던 상황이었다.

근무하시는 분이 위험을 느낀다고 하니까 그냥 넘길 수가 없었다. 짐을 챙겨 식당으로 갔다. 올 연초에 현장 안전점검을 하는 과정에서 눈에 들어오지 않았던 부분이었다.

조리실 밖 배식대 중간 부분에 스텐재질의 사각통이 들어가 있었고 그 안에 휴대용 가스버너가 놓여 있었다. 순간 아차 했다. 가스버너를 들어 보니 바닥에 20㎜ 크기의 홀이 뚫려 있었다. 담당하시는 분에게 바로 말했다. 이 통 치우시고 아래 받침대로 변경하시라고.

스텐 재질의 사각통은 배식 과정에서 국이 식는 것을 방지하기 위해 20리터짜리 국통을 올려놓고 가스버너를 사용해 온도를 유지하기 위한 용도였다. 지난번 두 번째 발생했던 가스버너에 의한 화상사고는 결국 완벽한 불안전한 상태였다.

가스버너 안에 들어 있는 내용물은 공기보다 무거운 부탄가스[92]다. 봄에 일어났던 사고 상황이 명확하게 그려졌다.

통 안에 있는 휴대용 가스버너 위에 국통을 올려놓고 점화스위치를 이용해 국통 바닥을 보면서 점화를 시도했는데 불이 붙지 않았고, 이 과정을 몇 번을 반복하는 과정에서 사각통안에 누출된 상태로 남아 있던 부탄가스가 점화되는 순간 소폭발을 일으키면서 안면부 화상으로 이어졌다.

위험을 인식하는 정도는 사람에 따라 다를 수 있다. 이론적인 지식과 경험이 없는 상태에서 일반적인 상식의 관점에서 접근할 경우 현장에서 이야기 하는 위험 요인에 대한 잘못된 판단을 내릴 수가 있다는 것을 경험했다.

현장의 목소리가 중요하다는 것은 다 알고 있다. 문제는 위험의 정도에

---

[92] C_4H_{10} 분자량 58 g/mol, 공기의 평균분자량 28.8 g/mol

대한 판단의 근거가 잘못될 경우 현장의 목소리가 무용지물이 되어 잠재적인 사고로 이어질 수 있다는 것이다.

위험성평가를 통해 위험률을 추정하는 과정에서 현장의 목소리에 귀를 기울이고 보수적인 관점으로 접근해야 하는 이유다.

18
정(停)과 동(動)

안전관리의 본질을 정(停)과 동(動)으로 파악하고, 관리하는 것은, 위험요소를 바라보는 시각을 고정된 상태뿐 아니라 역동적으로 변화하는 과정까지 확장하는 것을 의미한다.

정(停)은 물리적인 환경과 같은 정적인 요소들로 불안전한 상태를 말한다. 동(動)은 작업자의 행동과 같이 변화하는 요소들을 의미하며, 이 둘을 함께 관리해야 효과적인 안전관리가 가능하다.

산업현장에서 발생하는 중대산업재해의 대부분은 정(停)과 동(動)의 접촉 과정에서 발생하는 경우가 많다.

기업의 위험성평가 고도화를 위해 관심을 두어야 하는 부분은 動이다. 위험물질의 관리 및 취급, 기계, 설비의 가동 및 보수, 상태점검, 에너지 취급 및 사용, 각종 이동수단의 운행경로 등 動의 움직임을 완벽하게 파악하면 사업장에서 발생할 수 있는 실제 사고 유형을 발굴하는데 많은 효과를 볼 수가 있다.

관점의 변화를 통해 얻는 것은 긍정적인 결과로 이어진다. 무의식중에 축적된 편견과 주관적 판단에 대해 더욱 객관적이고 사실에 기반한 선택을 할 수 있게 한다. 사업장 안전점검 및 패트롤 시 停과 動의 관점은 그동안 보이지 않았던 잠재위험 요인을 찾아내는 데 매우 유용하다.

안전관리의 핵심은 예방관리에 있다. 사고가 발생하지 않은 상황에서 예방에 초점을 맞추어 관리한다는 것은 쉬운 일이 아니다. 기업에 안전관리의 중요성에 대한 공감대가 형성되지 않으면 어렵다.
경영책임자 한 사람의 의지만으로 되는 것도 아니다. 전 구성원의 공감이 필요하다. 현실적으로 쉽지 않다.

다수의 기업이 예방보다는 결과에 반응하는 이유다. 사고가 발생한 다음에 벌어지는 후속 조치는 책임소재를 다투고, 법의 규제를 피하기 위한 형식적인 안전관리로 이어진다. 대한민국 산업현장의 안전사고가 반복되는 이유다.

결과 중심의 안전관리에 대한 인식을 변화시킬 수 있는 주체는 개인이다. Bottom-Up이다. Top-Down은 그동안 많은 경험을 해 봤다. 권위에 눌려 형식적으로 이어진다. 눈 돌리면 원위치다.

근로자의 의식 수준이 많이 높아졌다. 나와 동료의 안전, 내가 근무하는 사업장의 안전한 일터를 만들기 위해 내가 움직여야 한다. 시작은 관점의 변화다. 어렵지 않다.

오늘 일상 업무를 시작하면서 停 과 動을 떠올리자. 기계, 설비의 불안전한 상태는 停이다. 에너지를 가지고 있다. 나와 동료의 움직임은 動이다. 불안전한 상태의 停과 動이 접촉하면 에너지의 크기에 따라 돌이킬 수 없는 사고로 이어진다. 상호 간에 접촉을 차단할 수 있는 방호막의 필요성을 인식할 수 있어야 한다.

교통사고는 나 혼자 교통법규를 준수한다고 발생하지 않은 것이 아니다. 하지만 시작은 나부터여야 한다. 내가 운전하는 자동차와 나와 같은 도로 상에 있는 타인이 운전하는 자동차가 충돌해 사고로 이어질 수 있는 확률을 낮출 수 있다.

사업장의 안전도 다르지 않다. 나의 안전에 대한 의식변화가 동료를 안전사고의 위험으로부터 구할 수 있다.

19
대중의 망각

2022년 10월 29일. 핼러윈데이를 앞두고, 서울특별시 용산구 이태원동 이태원 세계음식거리의 해밀톤호텔 서편 골목의 참사가 발생한 지 3년이 흘렀다. 당시 뉴스를 보고 이게 뭔가 싶었다.

찰스 맥케이의 저서 『대중의 미망과 광기』에서 '대중의 망각'은 특정 망상에 휩싸였던 군중이 그 광기가 지나간 뒤, 자신들의 어리석었던 행동을 순식간에 잊어버리는 현상을 가리킨다.

대중이 집단적 광기에 빠졌다가 새로운 유행이나 광기에 매료되면, 과거의 집단적 오류를 마치 아무 일도 없었던 것처럼 빠르게 잊는 것이다.

'대중의 망각'이 특정한 광기나 미망(迷妄)[93]이 지나간 후 그에 따른 교훈을 잊는 것이라면, 안전사고 맥락에서는 비극적인 사고가 발생한 후 시간이 지나면서 그 위험성에 대한 경각심을 잃는 현상에 비유할 수 있다.

---

[93] '미망(迷妄)'은 '미혹할 미(迷)'와 '허망할 망(妄)'이 결합된 한자어로, 사리(事理)에 어둡거나 현혹되어 이치에 맞지 않는 헛된 것을 참으로 여기고 집착해 헤매는 상태를 뜻한다.

시간은 인간의 기억을 망각으로 이끄는 주요한 원인 중의 하나다. 시간이 흐르면서 기억이 희미해지고 결국 사라지는 현상은 심리학에서 '쇠퇴 이론(Decay Theory)'으로 설명된다.

에빙하우스의 연구에 따르면, 학습 후 20분 안에 약 42%의 정보를 잊어버리고, 1시간이 지나면 절반 이상을 망각한다. 초반의 급격한 망각 이후에는 잊어버리는 속도가 점차 느려진다. 장기 기억을 위해서는 주기적인 반복 학습이 필수적이다.

'대중의 망각'은 비극적인 사고가 반복되게 하는 중요한 요인이다. 국민의 안전의식 수준을 높이려는 정부의 역할이 중요하다.

> 1959년 부산공설운동장 압사사고, 67명 압사, 수백 명 부상.
> 1960년 서울역 압사사고, 30명 압사, 40명 부상.
> 1992년 올림픽체조경기장, 1명 압사, 60명 부상.
> 2005년 경북 상주 시민운동장, 11명 압사, 162명 부상.
> 2022년 이태원, 159명 압사, 195명 부상.

아직은 선진국 수준의 안전의식이 정착되지 못한 상태다. 대중의 망각은 진행형이다. 앞으로 계속되는 핼러윈데이 축제기간 이태원의 거리는 또 다른 인파로 덮일 것이다. 보통 사람들에게 3년 전 비극은 희미한 기억으로 멀어졌다.

국민의 안전은 정권과 무관해야 한다. 이념과 진영 논리에 따라 변하는 것이 아니다. 국민의 생명을 지키는 것은 변할 수 없는 정부의 기본 책무다.

행정안전부는 오는 29일 '10·29 이태원참사 3주기'를 맞아 10·29 이태원참사유가족협의회, 10·29 이태원참사시민대책회의, 서울특별시와 공동으로 광화문 광장에서 '3주기 기억식'을 개최한다고 밝혔다.[94] 대중의 망각을 되살리는 정부의 조치에 국민의 한 사람으로 감사를 전한다.

---

94 출처: 행정안전부, 대한민국 정책브리핑, 2025. 10. 28.

20
스마트폰

스티브 잡스는 2007년 '아이폰'을 출시하며 스마트폰 시대를 열었지만, 정작 자신의 자녀들에게는 스마트폰 사용을 엄격하게 제한했다. 이는 그가 디지털 기기의 부정적인 영향을 인지하고 있었기 때문이며, 아이폰 개발 이후 아이들의 스마트폰 사용 시간을 제한한 것으로 알려져 있다.

산업현장에서 스마트폰은 단순한 통신 수단을 넘어 작업효율성, 안전관리, 생산성 향상에 기여하는 핵심 도구로 자리 잡았다.

작업자는 스마트폰 앱으로 생산 장비와 기계의 상태를 실시간으로 모니터링하고 원격으로 제어할 수 있다. 문제가 발생하면 즉시 알림을 받고 현장에서 바로 해결할 수 있어 신속한 의사 결정이 가능하다.

생산량, 품질검사, 가동 중단시간 등 다양한 데이터를 현장에서 즉시 입력할 수 있다. 수기로 작성하는 과정에서 발생할 수 있는 오류를 줄이고 데이터의 정확성을 높여 생산흐름을 원활하게 관리한다.

시설 및 설비 점검 작업자는 스마트폰으로 점검 목록을 확인하고, 실시간으로 점검 결과를 기록하며, 문제가 발견되면 즉시 보고서를 작성해 공유한다.

소방관과 같은 긴급 구조대원은 스마트폰을 이용해 GPS 추적, 위험물 정보공유 등 현장상황을 실시간으로 파악하고 공유해 업무의 효율성을 추구한다.

농업 분야에도 스마트폰으로 농작물 상태를 모니터링하고, 기상정보를 확인하며, 관개시스템[95]을 원격으로 제어하는 스마트폰 세상이 되었다.

과유불급(過猶不及). 『논어(論語)』 선진편(先進篇)에서 공자가 제자들의 성향에 대해 논하며 "자장은 지나치고, 자하는 미치지 못한다."라고 말한 데서 비롯되었다. 제자가 그럼 자장이 낫냐고 묻자, 공자는 "지나친 것은 미치지 못한 것과 같다."라고 답하며 중용의 중요성을 강조했다.

스몸비족(스마트폰 좀비) 현상은 스마트폰에 시선이 고정되어 주변을 살피지 않고 걷는 사람들을 일컫는 신조어다. 공장에서도 어렵지 않게 볼 수 있다.

공장 내 보행 중 스마트폰 사용으로 인한 사고는 돌출부 걸림에 의한 넘어짐, 지게차, 차량 간 충돌, 개구부 추락 등 다양한 형태로 발생한다. 지게차나 차량의 운전자가 운전 중 스마트폰을 사용할 경우 안전사고 발생 확

---

[95] 관개 시스템은 농작물이나 식물에 인위적으로 물을 공급하는 기술과 장비를 의미하며, 강수량이 부족한 지역이나 건조한 시기에 안정적인 농업 생산을 가능하게 한다.

률은 더 높아진다. 중대산업재해로 이어질 개연성이 매우 높다.

주변 상황을 인식할 수 없게 하는 스마트폰을 사용하는 행위는 기술의 발달이 만들어 낸 새로운 형태의 '불안전한 행동'이다.

2018년 캐나다 온타리오주의 한 코카콜라 생산 공장에서 실제로 발생했던 사건이다. 두 명의 지게차 운전자가 작업 중 핸드폰을 사용하는 것을 목격한 동료 작업자가 안전을 이유로 작업 거부를 했고, 노동부 조사관이 현장에 출동했다.

조사 과정에서 운전자 한 명은 지게차가 멈춰 있는 상태에서 핸드폰을 보았다고 진술했고, 다른 한 명은 핸드폰을 사용하지 않았다고 주장했다.

법원의 판결은 두 운전자 모두 핸드폰 사용을 인정했다. 판결의 요지는 지게차를 '조작하거나 사용하는 행위'에는 운전석에 앉아 있는 것까지 포함된다고 판시했다.

지게차가 멈춰 있거나 시동이 꺼져 있더라도, 운전자가 핸드폰에 집중하면 주변 작업자들의 안전을 위협할 수 있기 때문이다. 법원은 지게차 운전 중 핸드폰 사용을 공공도로에서 운전 중 핸드폰을 사용하는 것과 동일한 위험으로 간주했다.

며칠 전 지인이 지게차 사고 동영상을 보여 줬다. 공장 안에서 이어폰을 꽂고 음악을 들으며 횡단보도를 건너던 직원이 지게차에 깔리는 영상이었다.

국내기업 현장에서도 지게차 운전자의 핸드폰 사용으로 인한 사고 위험이 높아지자, 핸드폰 사용을 금지하는 규정을 강화하고 있다.

필자의 생각에 제품 입출하가 많은 물류센터, 자동창고 제품 출하장 등 지게차와 보행자가 뒤섞이는 현장에서는 임의 출입자의 관리와 병행해 작업자의 불안전한 행동을 유발하는 스마트폰 사용에 대한 엄격한 규제가 필요하다.

에필로그

산업현장을 단순한 생산 활동이 이루어지는 공간으로 보아서는 안 된다. 안전하고 건강한 환경을 조성해 근로자 개개인의 삶의 질이 보장되는 곳이어야 한다. 시간이 흐를수록 이에 대한 사회적 요구가 강조되고 있다.

정부, 기관, 기업, 개인의 안전에 대한 지향점은 모두 같다. 문제는 진행 과정에서 나타나는 임밸런스다. 상호 간 불균형은 공동의 목표 달성에 방해 요인으로 작용한다.

아직까지 삶의 기억이 흐릿하지 않다. 더 늦기 전에 하나의 그릇에 안전의 모든 것을 담아 보고 싶었다.

유사, 반복, 후회, 망각의 형태로 반복되는 중대산업재해에 대한 발생 원인을 다양한 관점에서 다루어 보고, 이를 통해 선진수준의 안전한 산업현장을 만드는 데 작은 밀알의 역할에 대한 욕심이 시작의 동기다.

사회적으로 인식되어 있는 '안전'이라는 범주의 크기를 고려할 때 개인의 관점으로 전체를 다루기가 쉽지 않았다. 35년 현장의 다양한 경험이 큰 힘이 되었다.

　판단은 안전을 생각하고 고민하는 모든 독자분들의 몫이다. 과함과 부족함에 대한 독자님들의 적극적인 의견을 기대한다.

2025. 11. 25.